U0277281

本书为住房城乡建设部科技项目（2014-K8-055）、全国教育信息技术研究规划课题（126230678）成果，并获浙江建设职业技术学院教师专著出版基金资助

高职教育工程监理专业智慧化创建

Smart-creation of Higher Vocational Education for Engineering Supervision

傅 敏　杨文领 著

ZHEJIANG UNIVERSITY PRESS
浙江大学出版社

图书在版编目（CIP）数据

高职教育工程监理专业智慧化创建／傅敏，杨文领著. 一杭州：浙江大学出版社，2015.5

ISBN 978-7-308-14630-2

Ⅰ.①高… Ⅱ.①傅… ②杨… Ⅲ.①高等职业教育一建筑工程一监理工作一学科建筑一研究 Ⅳ.①TU712-4

中国版本图书馆 CIP 数据核字（2015）第 082393 号

高职教育工程监理专业智慧化创建

傅　敏　杨文领　著

责任编辑　朱　玲
封面设计　续设计
出版发行　浙江大学出版社
（杭州市天目山路 148 号　邮政编码 310007）
（网址：http://www.zjupress.com）
排　　版　杭州中大图文设计有限公司
印　　刷　杭州日报报业集团盛元印务有限公司
开　　本　710mm×1000mm　1/16
印　　张　8
字　　数　120 千
版 印 次　2015 年 5 月第 1 版　2015 年 5 月第 1 次印刷
书　　号　ISBN 978-7-308-14630-2
定　　价　28.00 元

序
Preface

近年来，高等职业教育蓬勃发展，成绩斐然，但也存在着重“量”轻“质”等方面的现象和问题。在构建现代职教体系的背景下，如何实现高等职业教育创新发展，提升高等职业教育的质量和内涵，是高职院校和高职教育工作者亟须解决的课题。

随着新一代互联网、物联网等颠覆性技术的出现，越来越多的迹象表明，杰里米·里夫预言的第三次工业革命正在到来，学界也出现了研究浪潮，其所带来的变革将是系统性的。

2013年9月30日，中共中央政治局在北京中关村开展以实施创新驱动发展战略为题的第九次集体学习，习近平总书记指出：“即将出现的新一轮科技革命和产业革命与我国加快转变经济发展方式形成历史性交汇，为我们实施创新驱动发展提供了难得的重大机遇。机会稍纵即逝，抓住了就是机遇，抓不住就是挑战。”面对机遇，高等职业教育若能依托新一代互联网、物联网技术，在高等职业教育创新发展的“十字路口”主动引入“智慧化”创建理念，探索高职“内涵和质量”提升的新路径，将会突破高等职业教育发展困境和制约瓶颈，实现智慧发展。

浙江建设职业技术学院一直紧紧围绕国家

高等职业教育发展趋势，大胆改革创新、勇于实践探索，先后获得了“浙江省示范性高等职业院校”、“国家骨干高职院校立项建设单位”等荣誉称号。近年来，学院信息化设施硬件建设日益完善，为我院以创新驱动高职教育转型发展提供了支撑和依托，迫在眉睫的是“软环境”的创新，这与提升我院办学的内涵和质量的战略目标是相辅相成、有机统一的。我院工程监理专业是浙江省高职首批省级特色专业，创建基础较好，结合我院工程监理专业的实际情况，综合运用新一代信息技术、整合资源、统筹业务，集成创新，在高职教育领域促进“技术与业务”的深度融合，智慧地推进高职教育创新发展和内涵提升。本书系统地介绍了我院工程监理专业在“智慧化”建设中的实践探索和取得的成果，深信本书的出版将给广大高教教育工作者带来启发。

浙江建设职业技术学院党委书记 徐公芳

2015.1.27

目 录
Contents

1 高职教育“智慧化”创建综述

1.1 高职教育“智慧化”创建背景

近年来，高职教育蓬勃发展，取得了瞩目的成就，同时也面临许多问题和错误倾向。不可否认，我国高职教育建设的历史机遇期已然过半，或者说“量”的增长已至极限，“质”的提高亟须解决。如何提升高职教育的“内涵”，促进高职教育的“转型升级”，迫在眉睫。若不能有效应对，健康有序、具有可持续性的高职教育发展就有可能夭折。

如何实现高职教育的“转型升级”，需要“创新驱动”。当务之急是需要将原有“粗放型”的发展模式转变为能承载转型升级的“精明增长”模式，即实现高职教育的“智慧化”发展。因此，在高职教育发展的“十字路口”主动推行“智慧化”创建、进而延伸到“智慧”地推进高职教育的专业化建设是具有远见卓识的举措。

1.1.1 颠覆性技术创新为高职教育创新驱动发展提供历史机遇

当前，国际范围内一场新科技革命正在孕育兴起，以大数据、云计算与物联网、互联网共同形成的网络智慧技术取得了重大突破，带动了新技术的迅速发展，显示了巨大的应用前景。新科技革命日新月异的发展，引发了一场新的工业革命的研究与实践。

2013 年 9 月 30 日，中共中央政治局在北京中关村以实施创新驱动发展战略为题的第九次集体学习中，习近平总书记指出："即将出现的新一轮科技革命和产业革命与我国加快转变经济发展方式形成历史性交汇，为我们实施创新驱动发展提供了难得的重大机遇。机会稍纵即逝，抓住了就是机遇，抓不住就是挑战。"

1.1.1.1　移动互联网、物联网为高职教育创新提供技术驱动

克里斯坦森在《创新者的窘境》一书中，提出了延续性技术和破坏性技术（也有学者称为颠覆性技术）的概念，过去的科技进步实际上只有少数技术进步属于颠覆性技术创新，更多属于延续性的，但是，随着网络型技术创新生态的出现，颠覆性技术的创新将大量涌现。克里斯坦森曾经预言："互联网已逐渐发展成一种基础性技术，并将使颠覆许多行业成为可能。"

中国科技金融促进会在《科技创新、产业变革与体制改革》一书中断言："未来 5～10 年，所有的产业变革主要还是基于信息技术的广泛渗透和交叉应用。"对于移动互联网、物联网将以颠覆性技术的面貌登上产业变革的历史大舞台，越来越多地得到学界、业界的认可。

物联网技术是一种颠覆性技术。含义就是物与物能够相连，并智慧地发挥作用的一个体系；一个云、管（网）、端（物）一体化、云计算技术与具体业务及过程管理相融合的一个体系。具体如图 1-1 所示。

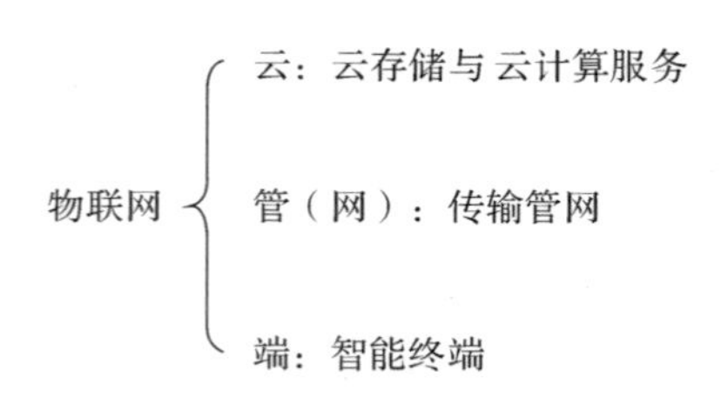

图 1-1　物联网结构关系

1.1.1.2 “大数据”的诞生为高职教育创新发展提供了新路径

涂子沛在《大数据》一书中，开篇写道：“除了上帝，任何人都必须用数据说话。”2011 年 2 月，*Science* 专刊指出大数据时代已到来。2012 年 3 月，奥巴马宣布美国政府正式启动“大数据研究和发展计划”，这是继 1993 年美国宣布“信息高速”公路计划后的又一次重大科技部署；认为“大数据”是未来世界的石油，该计划的意义堪比 20 世纪的“信息高速公路”计划。美国工程院院士 Eric 指出：我们正处在一个激动人心的时代，利用大规模有效数据分析预测建模、可视化和发现新规律的时代就要到来。

世界正进入真正的大数据时代，将产生从 TB 到 PB 级越来越多的数据，大数据的诞生，形成了呈梯次形的信息、知识、智慧生产力。大数据是对人们经济社会活动产生的数据的总称，包括文字数据、图表数据、声音数据、影像数据、数字数据、物联网感知数据等，而且往往与位置数据、时间数据等相契合，形成时空数据集，时空数据集的大量产生形成大数据的生产力。大数据生产力与数据存储规模成正比关系，数据规模越大，大数据的生产力发展越迅猛。

大数据（数据海）的诞生，形成了呈梯次形的信息、知识、智慧生产力。具体如图 1-2 所示。

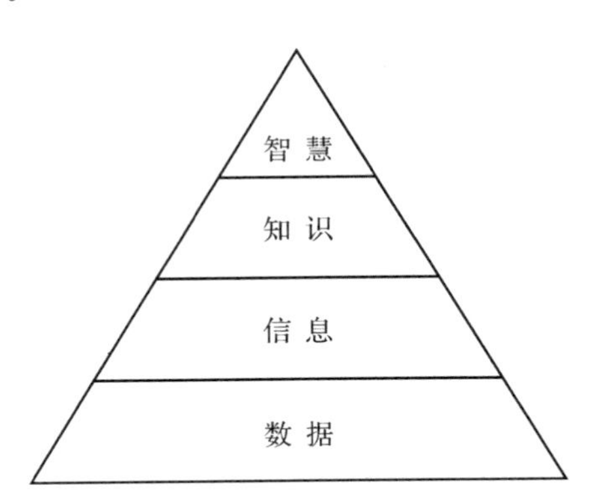

图 1-2　数据、信息、知识、智慧关系

（来源：涂子沛. 大数据. 桂林：广西师范大学出版社，2012：88）

传统的信息整合是基于逻辑相关性、时间相关性的整合分析。大数据时代的信息整合是基于“空间维度＋时间维度”的时空相关性，这样才能“察人所未察、知人所未知”。换言之，就是“当我们知道……时，我们还知道……吗？”

具体表现在两个方面：一方面表现在对已知关系数据的利用开发，形成具体业务数据的生产力；另一方面，对原来未知数据的非关系数据的挖掘、整理，发现新的关系数据，产生新的业务数据生产力。具体如图 1-3 所示。

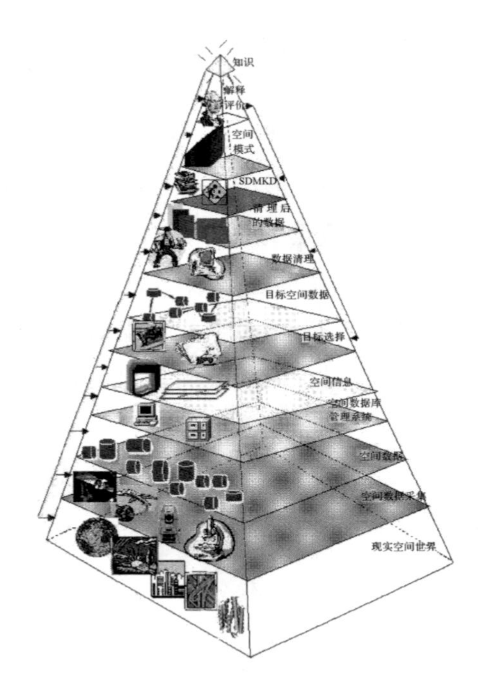

图 1-3　空间数据挖掘金字塔

大数据生产力是将大数据作为利用对象，以云计算作为工具，以不断发现、开发、有效利用各类关系数据作为业务内容，以互联网或物联网作为依托的一种新型生产力。

1.1.1.3　“智慧化”创建与“信息化、数字化”建设一脉相承

正是基于移动互联网、物联网等颠覆性技术的出现，以及大数据时代的来临，为“智慧化”建设的实现提供了现实的可行性。

“智慧化”的提出和发展与早期的信息基础设施及“数字化”建设一脉

相承，但更注重信息资源与人和物的整合集成，更强调协调统筹，更注重深度融合，是数字化建设的更高级阶段。因此，信息化、数字化、智慧化是具有整体观、历史观的不同阶段体现；从另外一个角度来讲，将“数字化”管理升级到“智慧化”创建，是从“专题性智慧”向“综合性智慧”的提升。

大数据、云计算、移动互联网、智慧物联网是信息化进入新阶段的基本标志。信息化经历了初级、中级阶段，现在走入了智能化(智慧化)的高级阶段。具体如图 1-4 和表 1-1 所示。

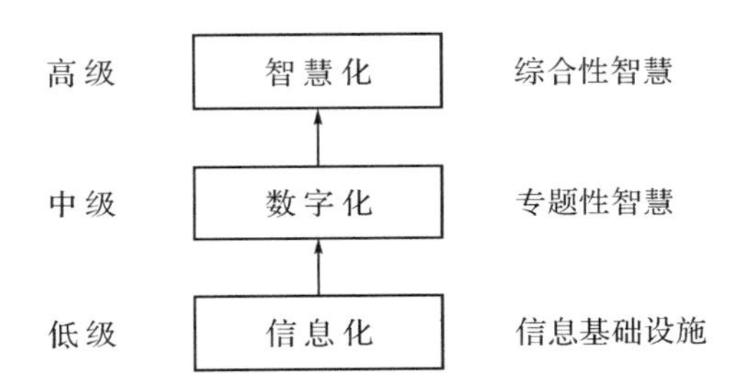

图 1-4　信息化、数字化、智慧化发展阶段示意

表 1-1　信息化进入了智能化、智慧化发展的高级阶段

类　别	初级阶段	中级阶段	高级阶段
终端应用	计算机	桌面电脑、手机	智能手机(终端)
技术进步	模拟技术	数字技术	智能(智慧)技术
网络介质发展	金属网	光纤网	泛在网/专用网
网络建设应用	局域网	互联网	移动互联网/智慧物联网
数据中心	自管服务器	服务器托管	数据云存储/云计算/服务外包

1.1.2　高职教育创新驱动发展需要“技术＋业务”深度融合的智慧化创建

1.1.2.1　“人的全面发展”理念要求高职教育“智慧化”培养

近年来，高职教育快速发展，高职教育改革亦如火如荼，成效显著，但仍存在一些亟待完善之处。在培养目标定位方面，对自身特点、办学特色和学生实际考虑不够，导致学生在培养过程中的“异化”现象。具体体现在，如把复杂的教育活动简括为特殊的认知活动，把教育从整体的生命活

动中抽象、隔离出来；或过分注重技能培训，异化学生为技术“工具”，单纯具备实践技能，而没有技能智慧，不具备将原理、规律转化为具体技术的能力，“技能智慧”缺乏。当我们的高职教育在就业市场上越成功时，我们就越需要关注学生本身，关注他们是否在教育的过程中被异化为工具，单纯的技术或者职业若没有波兰尼所说的“寄托”很容易造成人的异化，教育是第一阶段异化，工作又是第二阶段异化。

马克思关于“人的全面发展”的理论指出：教育应该是“完整意义上人的生产”，高等职业教育同其他高等教育一样，是实现“人的全面发展”的一个具体的发展形式，是“生产全面发展的人”。苏霍姆林斯基就说过，一个人到学校上学，不仅是为了取得一份知识的行囊，而主要是要获得聪明。高职教育“工具论”的培养目标不利于学生发展，我们必须将人的培养和职业的培养结合起来。高等职业教育人才培养应该从“工具性”的教育中解放出来，它在学生一般发展的基础上更加关注个体成长的经历和体验，可以让知识和个人个性融合，最大限度地减少教育和工作过程中的异化现象。

高职教育的专业建设是高职人才培养的重要节点、关键环节，对高职教育人才培养理念、目标的实现具有承上启下的关键作用。因此，要求高职院校树立“智慧化”的教育观，践行智慧教育，实现专业建设的“智慧化”，培养学生思维、增长学生智慧，使专业培养真正起到开发智慧、培养智慧作用，真正实现学生“智慧生长”。

1.1.2.2 “学生终身发展”理念呼唤高职教育“智慧化”培养

不论学制有多长，一个人受学校教育的时间在他一生中的比例总是有限和相对短促的。但是一个人走出学校以后，他要走的路是漫长的，他总不能永远依靠在学校所学的知识来应付所有在生活和工作中遇到的难题。知识是不断发展更新的，知识是不可能永远使用的，能够使学生受用一辈子的只有“智慧”。

因此，高等职业教育的人才培养既考虑知识本身的整体性、系统性和科学性，也兼顾学生的可接受性和兴趣；既强化“专业职业教育”，又注重学生科学精神和人文素养的培养。在培养目标上以让学生掌握未来所从事职业技能操作的知识为依据，培养学生具有扎实的职业技术能力、高深的职业知识、健全的人格和健康的心理，具备较强的技术再现能力，使学生可以将自己的职业发展目标与个人的特点有机结合起来，能解决未来工作中出现的危机和挑战。

1.1.2.3 高职教育“质量和内涵”的提升需要“智慧化”创建

高等职业教育作为我国高等教育的一种，其传统职能包括专业训练、个人道德和行为修养、专门化的科学研究等，这种职能系列重点是学术性的，它们之间部分地一致或者至少是兼容的。随着社会经济发展，面对全球化、知识化、信息化、多样化、市场化等的机遇和挑战，高职教育的传统职能不断拓展，新的现代职能不断分化、增加至无限。这些会给高职教育带来哪些变化？高职教育究竟应该怎样应对？

很显然，一个创新的高职教育时代已经来临。高职院校的主体是人，包括教师、员工以及学生。客体是什么呢？融知识、德行于一体的智慧才能担当创新时代高职教育的客体。在本体论意义上，教育是一种通过知识促进人的智慧发展，培育人的智慧性格和提升人的智慧本质属性的活动，它促进教育主体（教育者和受教育者）的智慧发展。其培育智慧活动主体的教育主旨将会愈来愈突显。

1.1.3 高职教育的理论与实践为智慧化创建提供完备条件

1.1.3.1 实现高职教育“技术＋业务”深度融合的“智慧化”条件

目前，高等院校基本实现了教育与科研计算机网全覆盖，基础设施条件达到发达国家水平。尤其是高职院校，经过示范院校、骨干院校的建设，信息中心、数据平台完善，硬件条件大有后来居上的优势。也正是由于这些高新技术的飞速发展和普及使得“创新驱动发展”有了支撑和依托，否则“智慧化的创建”也只能是一种理念，纸上谈兵罢了（见图 1-5）。

迫在眉睫的是如何实现软环境的改变，实现质量、内涵的提升，如何实现系统的智慧黏合、集成和创新，这就需要我们应用智慧的解决方案来改进和优化这些系统。

因此，对于高职院校而言，重要的是要趁势而为，抓住、用好这个机

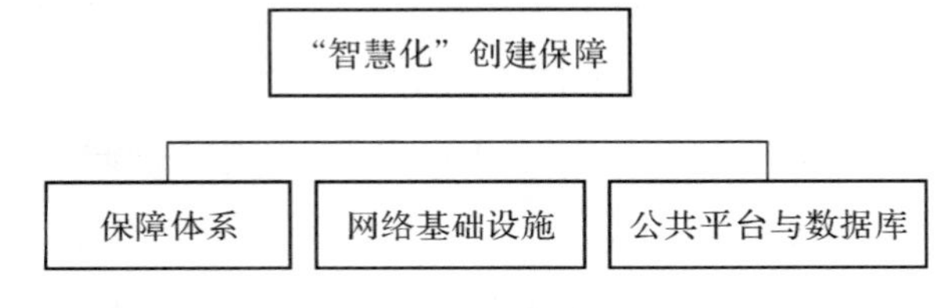

图 1-5 "智慧化"创建的保障条件示意

遇，通过技术集成、协同创新最终实现"技术＋业务"的深度融合，跳出高职教育发展"左也不是、右也不对"的困局，通过智慧化的手段，实现高职教育的创新驱动发展。

1.1.3.2 高职教育"智慧化"创建的心理学基础

心理学领域研究智慧理论主要有"外显"和"内隐"两种取向。智慧"内隐"理论是普通公众对智慧的看法或观点。内隐理论将智慧看作人们的一种共识，而不是一种客观标准。也就是说，在社会实践中，人们通常会对智慧或有智慧的人的特征达成某种共识。较早的智慧"内隐"理论研究发现"情感"与"反思"是智慧的两个维度。

智慧"外显"理论主要从三个角度探讨：一是将智慧视为成年期人格健康发展的结果；二是将智慧看作新皮亚杰主义所强调的后形式思维或辩证思维的方式；三是将智慧看作智力拓展形式，智慧平衡理论和柏林智慧理论是其研究视角的代表。智慧平衡理论认为，有智慧的人通常会在价值观的调节下，运用默会知识，平衡多方面的利益，适应、塑造或选择环境，以实现人们的共同利益。换言之，智慧是平衡不同的利益、反应或目标的成功智力。柏林智慧理论认为，智慧是实用型智力的一种高级形式、一个与生活事务有关的专门知识体系。心理学家们总结了三种增强个体智慧的方法：一是自然法，即在一生中通过不断地积累经验而使智慧得到自然的增强；二是教学法，即教给人们一些思考问题的技巧和方法，而这些技能和方法正是智慧的组成部分；三是短期干预法，即通过有效的指导或专门的讨论，引导被试获得与智慧相关的知识。

1.1.3.3 高职教育"智慧化"创建的哲学基础

目前，职业教育存在不同的哲学观。高职教育的"技术学"取向凸显为了技术而进行的教育，要求职业教育以“技术”为核心导向来引领职业教育的课程与教学实践活动，彰显其学习内容的手段性和方法性，“手段”和“方法”是技术的两个基本特征。“社会学”取向把职业教育作为一个人社会化过程的一个环节，将一个坐在教室里的半社会化的“书斋人”培养成为一个能适应社会发展变化的真正“社会人”。“职业学”取向强调职业教育的职业性是其最本质属性之一，完成个体的初始职业化是其逻辑起点，即把已获得的知识和技能内化为能基本胜任职业岗位工作的职业能力。以上三个取向仅是从工具人、社会人与职业人三个“表面人”的角色视角对职业教育进行本质与功能的规定，没有把个体作为一个真正的独立性个体来看待。这就要求职业教育在实践中要树立“以人为本”的理念，关注个体的生存与发展状态。

杜威的实用主义职业教育哲学观主张技能训练与文化修养、职业追求与个人发展、职业教育与社会发展相结合，使“科学人文化”；融技能的训练性与文化的修养性于一体，融职业的发展性与个体的发展性于一体，融人、社会与自然的和谐发展于一体，超越了传统教育纯理性主义的教化。杜威从哲学认识论角度把教育实施的重要载体——课程的价值分为内在价值和工具价值，并认为课程的目的是一种“智慧培养”。所谓内在价值，就是欣赏的价值，能在真正的生活情境中使学生深切了解到事实、观念、原则和问题的重要意义；而以实用性为主的工具价值，即比较价值，它是对特定情境中目标的需要和满足程度，对事物的工具价值进行排序，以便做出选择和取舍。杜威认为“内在价值”和“工具价值”应统一，且应更看重“内在价值”。

1.1.3.4 高职教育“智慧化”创建的伦理学基础

一方面，杜威认为“教育即生长”，言简意赅地道出了教育的本义，体现了生机勃勃的发展过程，就是要使每个人的天性和与生俱来的能力得到健康生长，强调对受教育者的智慧培养。另一方面，学生在学习过程中获得的不应该仅仅只是知识，还有为什么要选择这个知识作为学习的内容，以及怎么样来学习已选择的知识的能力，其中就涉及价值判断的问题，这些被选择的知识都是有一定的价值取向的，具备正确的人性主张和价值理念，既能兼顾学生学习的需要，也能实现育人的需要，学生在专业学习过程中实现了知识与生命的双重生长。

1.2 高职教育"智慧化"创建思路

1.2.1 高职教育"智慧化"创建的内涵

2008年11月，恰逢2007—2012年金融危机伊始，IBM在美国纽约发布的《智慧地球：下一代领导人议程》主题报告提出了"智慧地球"，即把新一代信息技术充分运用在各行各业之中。自此，"智慧"概念开始在诸多领域、不同行业、各个层面出现，比较典型的应用是"智慧城市"创建。"智慧"的理念被解读为不仅仅是智能，即新一代信息技术的应用，更在于人体智慧的充分参与。一个是技术创新层面的技术因素，另一个则是社会创新层面的社会因素。

将"智慧"的理念引入高职教育过程中，是否可行呢？笔者认为，"智慧"概念能颠覆传统高职教育的发展模式和路径，创新高职教育发展的路径，打破目前高职教育发展的困境和难点，实现高职教育真正的"创新驱动、转型发展"。

在"智慧"应用面前，我们仅仅是个小学生，需要不断地学习和适应。既然要将"智慧"理念引入高职教育，探索高职"内涵和质量"提升的新路径，通过高职教育"技术＋业务"的深度融合，实现高职教育的"智慧化"创建。就需要我们对智慧的概念、智慧化的内涵有所了解。

1.2.1.1 何谓智慧？

就"智慧"而言，英文中有两个词，一个是"intelligent"，从技术层面译为"智能"，另一个是"smart"，译为"智慧"，但并不确切，是精明、聪明、灵敏、潇洒的意思。如"智慧城市"译为"intelligent city"或"smart city"。

在中文中，"智慧"内涵比较丰富。简言之，智慧即明智的行为，行动的能力，解决实际问题的能力，是"运用学问去指导改善生活的各种能力”。有“聪明”的意味,但“聪明”绝不是“智慧”的真谛;智慧与“智力”关联,但“智力”远不是“智慧”的全部;智慧表现为能力,但“能力”更不能与“智慧”同日而语。智慧是包罗万象、兼容万物的宏大品格,是既能圆通世事又能超越世俗、既能洞明微观又能审度宏观的高端境界,是既能彻悟芸芸众生又能从容应对事变的卓越机智。在丰富多彩的生命世界中,唯有人是智慧的存在,是为智慧而存在,以其生命活动彰显其智慧、提升其智慧,又以其智慧活动丰富其生命之完美。作为人之为人的一种智慧活动——教育,其初衷就是使人走向智慧,其真谛就是以智慧启迪智慧、唤醒智慧、培育智慧。

1.2.1.2 高职教育“智慧化”创建

在回答高职教育的“智慧化”是什么这个问题就像回答“什么是好人”一样困难,其定义、内含不甚统一。每个学校、教育机构,每个教师、学生个体都有基于自己立场和发展阶段的不同理解。

高职教育智慧化创建的本质意义是:充分利用信息化作为载体,综合运用现代科学技术(新一代信息技术)、整合信息资源、统筹业务应用系统、融合技术创新因素和个体智慧参与,实现“技术+业务”的深度融合,提升教学管理能力和服务水平,智慧地推进高职教育创新发展和内涵提升,最终实现高职教育“宜教、宜学、宜训、宜业”的目标在高职院校“智慧化”的创建中。“智”指智能化,是培养和管理的智能化,不仅仅是设备的智能化,更是代表“智商”;“慧”指灵性、创造力,代表“情商”。完整的高职教育“智慧化”创建就是“智商+情商”的组合,其在智能化的技术上进一步强调人的参与性和创造性,充分发挥人的智慧和物的智能。

在高职教育“智慧化”创建的进程中,探索借助“智慧化”统筹高职教育发展的物质资源、信息资源和智力资源,对推动高职院校的教育教学改革,促进高职教育持续健康发展,实现高职教育与经济社会发展的深度融合具有积极意义。

作为高职教育的实践者需要理性地面对智慧化创建,一方面需要对高职教育进行阶段性总结,认真审视高职教育教学改革的内涵和实践路径,分析高职教育教学特色的创新发展思路;另一方面,需要从战略高度审视高职教育“智慧化”创建的本质、目标定位、结构调整、功能培育、特色创新等一系列高职教育发展中的关键问题，以前瞻性的方式去考虑，提出解决问题的方案。

1.2.2 高职教育“智慧化”创建目标

发挥信息对高职教育现代化的支撑作用，建立教师备课和学生学习支撑系统，创新教学手段和模式，建设智慧教学平台，汇集整合各类教学数据，以大数据支撑教育管理决策、教学研究和公共信息服务，推动涵盖校区管理、教学安排、实践训练、后勤保障、校企合作等内容的智慧校园建设，打造互动、开放、共享的教学平台，实现“宜教、宜学、宜训、宜业”的目标。

1.2.3 高职教育“智慧化”创建原则

1.2.3.1 整体布局、系统谋划

高职教育“智慧化”的创建，需要高职院校从学院整体发展入手，系统谋划，想得要大，顶层设计、整体规划要做好。

要把学院整体看成一个有机的复杂“生态”系统，从更长远、更广泛、更多视角来分析和研究学院的“专业”或“专业群”的构成和发展内涵；利用智能的手段对其进行“生态”改良，促进“技术＋业务”的深度融合，实现高职教育的创新发展。这也是一种具有整体观、历史观、系统观的发展理念。

1.2.3.2 因地(时)制宜、一校一策

高职教育“智慧化”创建是建立在“网络化”和“数字化”基础上的，是“信息化”向高端发展、深度应用的一种表现，更是颠覆性技术革新给高职教育发展提供的难得历史机遇。

不同地域、不同院校、不同专业差异很大，以创新驱动高职教育发展，应该是因地制宜、因时制宜，要坚持“一校一策、一专(专业)一策”，提出解决高职教育发展中面临的紧迫问题，以“智慧化”的手段促进高职教育转型升级和功能提升，这正是高职教育“智慧化”创建的指导原则。

1.2.3.3 需求导向、循序渐进

高职教育的“智慧化”创建，要以高职专业发展的需求为导向。针对院校特色、专业禀赋、信息化基础等，应用先进适用的技术，科学推进高职教育“智慧化”发展，坚持从实际出发，不能求大求全。在综合条件好的院校或专业先行先试，有序推动“技术＋业务”的深度融合，避免贪大求全、重复建设。

1.2.3.4 关键突破、纲举目张

高职教育的“智慧化”创建，顶层设计要“大”，具体推动要“小”。尤其是在具体做的时候一定要“小”，从某一个点进去，千万不要像狮子大开口那样什么都想做。

策略上特别注意不要把“智慧化”创建搞成一场拉锯战和消耗战。要找到一个有效的突破口，就能起到纲举目张的作用，有效地解决高职教育创新发展中的许多问题。

1.2.4 高职教育“智慧化”创建抓手及路径

1.2.4.1 高职教育“智慧化”创建抓手

高职教育“智慧化”创建的实现，需要实现“点面结合”(见图 1-6)。

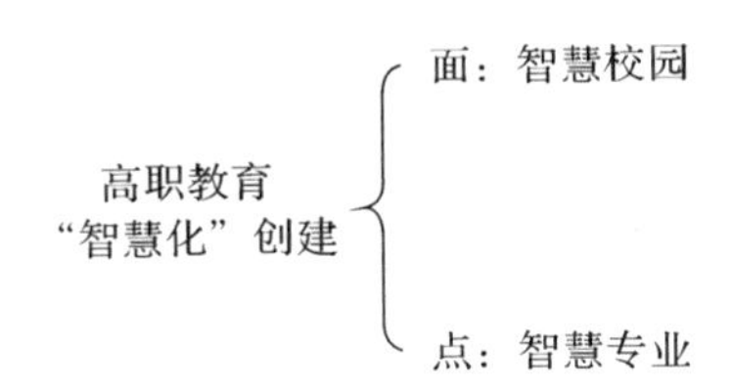

图 1-6 高职教育“智慧化”创建抓手

所谓“面”，具体体现在“智慧校园”的创建上，这里主要是宏观的顶层设计，是为实现高职教育“点”的突破创建基础、指引方向。实现“智慧校园”面的创建，需要把握两个大局，一个是“业务”，具体体现在高职教育在时空两个维度的发展方向上；一个是“技术”，具体体现在新一代颠覆性技术革新产业发展、创新产业应用的发展上。

所谓“点”，具体体现在“智慧专业”的创建上，高职教育内涵的提升在专业，专业是高职教育“智慧化”创建的最小单元。并且，也只有专业培育水平提升了，高职教育的创新发展、功能提升、转型升级才有可能，否则，只能是空中楼阁，或者仅仅是空想的理念。

1.2.4.2　高职教育“智慧化”创建路径

高职教育“智慧化”创建路径主要包括三个方面，即技术集成、协同创新和深度融合（见图 1-7）。

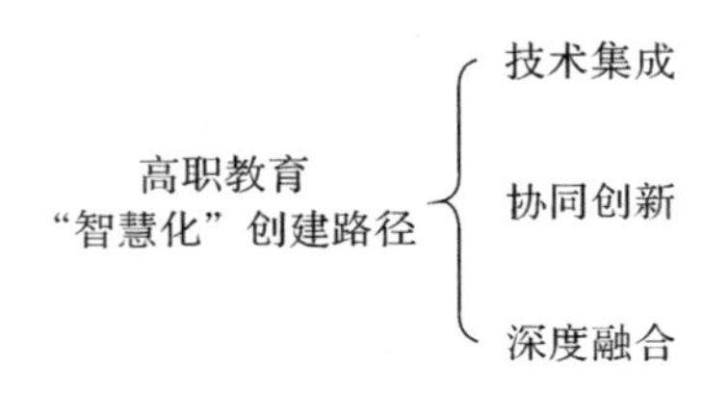

图 1-7　高职教育“智慧化”创建路径

所谓“技术集成”，也可以理解为创新设计或者对技术的“妙利用”。目前，信息技术快速发展，层出不穷，从单个技术看，并没有新的突破性技术，但是把多种技术巧妙地组合使用在一起，就产生了具有颠覆性效果的新技术。高职教育的“智慧化”创建本身也是对技术的一次筛选，即哪些技术能真正促进智慧化创建，能真正被智慧化创建所利用。

高职教育的“智慧化”创建是一个复杂的生态系统，要求各业务体系之间协同创新，任何一个链条或环节的短板，都将极大地削弱整个业务体系的竞争力，因此，各业务体系的协同创新是高职教育实现智慧化创建的内在要求。

所谓“深度融合”，这里主要指“技术”与“业务”的深度融合，是不可分割、不可剥离的一体。如果不能实现“技术＋业务”的深度融合，所谓智慧也仅仅是“瞎智慧、白智慧、假智慧”，也只能是旧物件披上一件华而不实的外衣，是“两张皮”，是不可持续的、是建好即废的。因此，我们要真正实现高职教育的智慧化创建，就要坚持“技术”和“业务”的深度融合。

1.2.5　高职教育“智慧化”创建的类型

高职教育“智慧化”创建的类型，归纳起来有三种。

1.2.5.1 “技术项目”建设型

把高职教育的智慧化创建当作技术项目来做，以技术工程项目承包为目标，其特点类似于建筑工程公司，忙于到处招标承包，技术工程一完成，智慧化建设也就完成了。这是典型的为了“智慧”而“智慧”，换句话说是典型的“瞎智慧、白智慧”。这恰恰是目前大多数高职院校自觉或不自觉采用的建设模式，尤其是在骨干、示范等院校创建的过程中。

1.2.5.2 “数字化”扩充型

停留在数字化建设的水平上，缺乏对数据的智慧处理能力的开发，核心在于运营、管理水平低下。实际上，高职教育的智慧化创建是以改变原有的教学、管理、服务方式为前提的，是为教师、学生提供更智慧的服务为其标志的。

以上两种类型的“智慧化”创建，主要原因在于，从认识上把高职教育的“数字化”建设等同于“智慧化”创建。其实，高职教育的“智慧化”创建与“数字化”建设是不同阶段的发展产物，“智慧化”创建是基于数字化的，但远远高于数字化。从技术上，较难开发出真正适合专业“教、学、训”的应用系统，实际上，高职教育“智慧化”的创建，既是对技术集成的“妙利用”，更是对应用技术的一次筛选。

1.2.5.3 “智慧能力”创建型

高职教育“智慧化”创建的真正实现，比较关键的标志就是“深度融合”，以业务创新为载体，实现“技术”与“业务”的深度融合。具有业务云、管、端一体化智慧和人、机、物的协同服务能力，能解决“一揽子”问题；具有“智能感知、系统协同、智慧处理、服务优质”的特征。

1.2.6 高职教育“智慧化”创建推进措施

1.2.6.1 转变发展理念

高职教育“智慧化”创建，首先要不断转化发展理念，创新发展思路。首先要对“第三次工业革命”来临的前夜有清醒的认识，互联网、物联网等作为基础性技术颠覆行业发展的前景有着较为清晰的分析。同时，结合高职教育的发展困境，建立借助新一代信息技术，促进高职教育功能和内涵提升，实现“技术”与“业务”的深度融合发展。

1.2.6.2 成立创建机构

高职教育的“智慧化”创建是一项系统工程和长期任务，既不可能一蹴而就，也不可能一个部门包办一切，它需要诸多相关部门的协同努力。

高职院校实施“智慧化”创建，需要成立“智慧化”创建工作领导小组，全面负责组织实施工作，强化对这项工作的组织领导。建章立制，明确职责分工，落实工作责任，加强协调配合，并编制详细的实施方案，积极推动“智慧校园、智慧专业”的创建工作。

1.2.6.3 做好顶层设计

要“因地制宜、因时制宜”，从高职教育发展的实际问题出发，注重“一校一策、一专一策”，来谋划发展路径，将“智慧化”创建工作列入高职院校发展规划或专项规划。

从每个高职院校、高职专业的现实条件和问题出发，立足“智慧化的设施、智慧化的管理、智慧化的服务、智慧化的教学训”等要点，制订科学合理的“智慧化”创建方案和建设目标，突出高职教育的创新特色。

1.2.6.4 建设公共信息平台

高职院校应结合自身特点，在充分整合现有信息资源和应用系统的基础上，建立公共信息平台，实现综合应用和数据共享，构建智能、协同、高效、安全的运行管理体系和服务于教师、学生的公共服务应用体系。

1.2.6.5 强化典型应用

高职教育的“智慧化”创建，既要“大处着眼”，更要“小处着手”。选择基础条件好的专业，先行先试，抓点示范，典型应用，打破人们对网络化、智能化的神秘感，充分发挥典型样板引路的作用，“百闻不如一见，跟着学、模仿做”。

1.3 高职教育“智慧化”创建的几个误区

高职教育“智慧化”创建必须直面高职教育发展的困境，针对高职教育发展过程中存在的问题，有效应对，合理解决，以实现高职教育的业务创新，促进“技术＋业务”的深度融合。不能有效应对、解决高职教育发展问题的智慧都是“白智慧、瞎智慧、空智慧、假智慧”。因此，我们有必要对高职教育智慧化创建中的几种误区加以区别、认识，以免多走弯路。

1.3.1 重“表”轻“里”的“假智慧”

高职教育的智慧化创建，既要重视“面子”更要重视“里子”。因此，我们在高职教育的智慧化创建过程中，首先要弄清楚“智慧化”创建的本源是什么？是专业创新还是业务创新？这才是核心和根本。

但是往往我们在“智慧化”创建过程中，不愿意花工夫和力气去研究、改革专业的内涵提升和创新，而仅仅把精力花在了外表包装上或者表现形式的变换上。给旧事物穿上信息化的外衣和表现形式，这就是典型的假智慧。

1.3.2 重“科普”轻“专业”的“白智慧”

众所周知，我们会经常游览各种各样的博物馆、展览馆。随着信息技术的发展，博物馆、展览馆的展示方式日趋丰富，令人眼花缭乱，极大地便利了公众的参观、游览。但是，能不能直接把这种表现形式“拿来主义”运用到高职教育的智慧化创建中去呢？显然，把这种形式拿过来的智慧化创建肯定是“白智慧”。因为我们在学习这种表现方式的时候，出现了舍本逐末的毛病。我们仅仅吸收了表现形式的变化，而忽视了其专业内容“浅显化、通俗化”的本质。

如果我们直接把这种形式运用到专业教育过程中，就出现了重“科普”轻“专业”的“白智慧”，反而是对专业教学的一种伤害。

1.3.3 为“智慧”而“智慧”的“瞎智慧”

还有一种形式最可怕，就是为“智慧”而“智慧”。核心是缺乏高职教育、专业发展的智慧化创建理念，对智慧化的概念理解一知半解，纯粹是赶时髦，将信息化技术生搬硬套地运用到专业建设中，不能解决任何实际问题，甚至还给既有的教育培养活动增加了不必要的麻烦。既不能方便教学管理，也不能方便教学服务，与高职教育“宜教、宜学、宜训、宜业”的理念和目标背道而驰，这种智慧化创建从一开始建设就难脱离被遗弃的命运，具有不可持续性。

2 高职工程监理专业"智慧化"创建框架

2.1 高职工程监理专业"智慧化"创建综述

工程监理专业作为高职院校的一个传统行业，特色日趋湮没，制约因素日趋增多，进入了办学困境。因此，需要我们紧密结合高职院校教师、学生的特点，依托目前新一代互联网、物联网等信息技术集成优势，用先进的建设理念，促进协同创新、深度融合，实现高职教育专业建设的新突破，探索高职教育"智慧化"创建的新路径。

2.1.1 高职教育"智慧化"创建核心是"专业"智慧化

高职教育"智慧化"创建需要"点面结合"，这里的"点"是核心、是关键、是纲。换言之，我们认为"点"即为"专业"。

不可否认，亦有学者认为，高职教育"智慧化"创建的最小单元为"课程"，或者认为高职教育"智慧化"创建的关键为课程。尤其是近年来课程建设进入"折腾"的怪圈，过分追求形式上的改变，重"表面"而轻"本质"，精品课程也罢、优质课程也好，均是如此，根本是缺乏核心理念，没有理念指导，很难实现改变。

我们认为，高职教育“智慧化”创建的最小单元是“专业”或者是“专业群”，也是“核心”单元。因为，只有“专业”才可以认为是一个具有内在联系的有机“生态”复合系统。“智慧”本来就是一个系统的概念，也只有从专业建设和发展的整体考虑，“智慧化”创建才有意义。做个不恰当的比喻，“课程”好比一个个“家庭”，而“专业”好比一个“社区”，我们只有立足于“社区”智慧化，而不是割裂开来的一个个“家庭”的智慧化创建，才显得更有意义和有效，并且也与高职教育智慧化创建“关键突破、纲举目张”的基本原则相一致。

2.1.2 高职“智慧专业”创建首先要定位于“专业”

目前，高职教育专业的“智慧化”创建可借鉴的经验不多，需要对专业“智慧化”创建的方法做创新性探索，尤其是如何将高职教育的人才培养模式、管理模式和实施体系架构变得更加“智慧”。

必须要明白，新一代互联网、物联网等信息技术的集成运用不是我们“智慧化”创建的最终目标，仅仅是我们所借助的一种“颠覆性技术”，最终要实现“技术＋业务”的深度融合，促进专业建设的内涵和功能提升。

因此，高职教育专业的智慧化创建不是“技术驱动”的，而是“服务导向”的，也正因为我们坚持“服务导向”才能更好地实现协同创新、深度融合。当然，高职专业的“智慧化”创建必须首先定位于“专业”而不是“智慧”。

专业的“智慧化”创建不是仅仅建立在信息技术的使用上，还与高职教育包容性发展与特色创新有机联系在一起。因此，高职教育专业的智慧化创建必须脱离技术层面，要与创新主导的高职教育发展战略联系在一起。

2.1.3 高职“智慧专业”创建需要一个明确的基本框架

专业的智慧化创建需要一个明确的基本框架。碎片式的智慧建设项目并不能构建专业建设的智慧化体系，不认清这一点，智慧专业创建难免落入拼图游戏的尴尬困局。

在知识经济时代，高职教育的智慧化创建亦是一个创新生态系统，它的目标是科学管理创新资源组合，通过创造简单的合作关系，促进知识系统流动，提供开放便捷的资源，为高职教育发展改革提供良好的创新环境。

因此，在高职教育专业的智慧化创建过程中，需要我们用“智慧化”的理念指导专业创建，要坚持“以人为本”，依靠新一代互联网、物联网等技术促进高职专业健康、可持续的发展；在充分整合现有信息资源和应用系统的基础上，通过综合运用现代科学技术、整合信息资源，开展专业智慧化的“教—学—训—业”研究，构建专业智慧化的“教—学—训—业”状态，促进学生智慧化的学习，实现以服务为导向的“宜教、宜学、宜训、宜业”的专业建设和管理新模式。

2.2 高职工程监理专业“智慧化”创建思路

2.2.1 高职教育工程监理人才“智慧培养”目标

随着当代信息技术发展的日新月异，物联网、互联网技术的飞速发展，颠覆性技术的层出不穷，人们工作、学习、生活、交往和思维方式都在不断地发生着变化。同时，新技术的出现对各种传统产业的影响不容忽视，建设行业也概莫能外。

具体到工程监理专业而言，随着时代的发展，出现了许多新内容、新要求、甚至新挑战，如绿色化、智能化等。按照既有的套路抱残守缺，不做改变，终将被时代所淘汰。工程监理行业的持续发展，同样离不开“创新”，以创新驱动产业发展，提升发展内涵，日趋紧迫。就监理行业而言，同样需要借助于新一代互联网、物联网等技术手段，开辟新路径，促进新技术与传统业务的融合发展，实现“智慧监理”，这是时代和行业的需求。那么，对我们培养工程监理从业人员的学校来讲，行业新的发展要求，需要我们在人才培养过程中及时做出相应的调整。

近几年，高职教育"量"的发展迅速，"质"的提高亟待解决。人才培养目标不断深化调整：从高层次实用技术人才到高技能人才再到高素质技术技能型人才。宏观来看，要求"高职教育重点培养产业转型升级和企业技术创新需要的发展型、复合型和创新型的技术技能人才"；微观来看，要求培养有生活能力、生产能力和拓展能力的健全的现代技术人才。因此，工程监理行业的创新发展更要求"人才先行"，抢占先机。

工程监理行业发展的"智慧化"前景，对高职教育人才培养提出了"智慧化"的新课题。不可否认，高职院校工程监理专业建设起步较晚，一方面受监理行业社会现状的直接影响，长期处于弱势地位，专业面过窄；另一方面受制于建筑大类专业的特点，工程实践和工程师基本训练薄弱的瓶颈一直无法有效解决，要么放任自流，要么本本主义。

工程监理专业作为一个实践性很强的专业，需要我们在人才培养模式上有所创新，彰显智慧。能使学生具备发现和解决工程监理实际问题的能力，并具有长期的职业发展潜力。随着互联网等基础性技术的出现以及颠覆性技术革新的层出不穷，给高职教育发展提供了新的历史机遇，需要我们乘势而为，抓住机遇，实现跨越。

因此，我们将高职工程监理专业人才"智慧培养"的目标分为近期、中期和长期。近期目标是培养能从事现场基础管理的"优秀基层监理人员"；中期目标是能适应"智慧监理"行业发展方向，成长为独立承担中小项目管理的"中层监理工程师"；长期目标是能满足"智慧监理"行业需求，成长为大中型项目全过程管理的"高层监理工程师"。

具体到浙江建设职业技术学院（以下简称"建院"）工程监理专业，经过校企合作办学、联合培养，逐步形成了"要监理员、找建院"的良好口碑，也较好地实现了建院工程监理专业的近期人才培养目标（见图 2-1）。

不可否认，建院在人才培养目标的定位上还不能完全与学生的短期就业目标、中长期职业规划有机结合。例如，在对学生的调研过程中发现，还有约 30％的学生认为低水平的实习工资极大程度地影响了他们对就业前景的信心（详见第 6 章）。因此，这也是建院工程监理专业的转型发展、内涵提升的外在压力，如何将"外在压力"转化为"内生动力"，进一

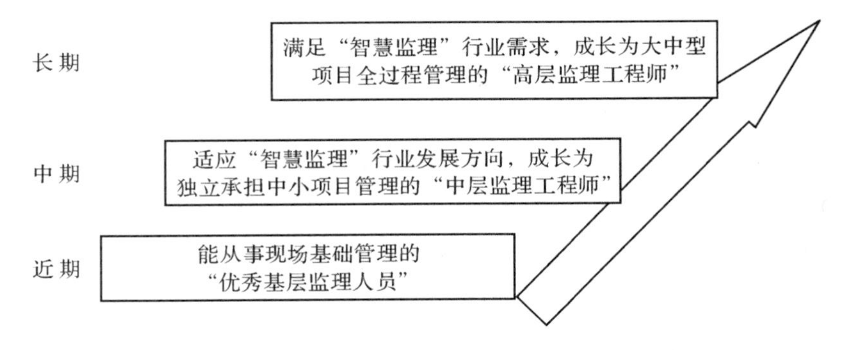

图 2-1 高职工程监理专业人才培养目标描述

步厘清思路、挖掘潜力，既是挑战也是机遇。因此，我们要将信息技术发展的历史机遇和专业内在发展需求的机遇有机结合起来，立足当前、着眼长远，在目前已经实现的“要监理员、找建院”的基础上进行提升，争创“要监理师、找建院”。

2.2.2 高职院校工程监理专业“智慧”创建目标

工程监理专业的智慧化创建，要紧紧扣住其人才培养目标，服务于人才培养目标的实现，搭设人才培养目标的实现路径和平台。那么，如何定义高职工程监理专业智慧化创建的目标呢？正如前面所言，创新融合是方向，既包括业务创新，也包括技术创新；既包括业务内的融合，也包括“技术＋业务”的融合，毫无疑问，业务创新是根本，“技术＋业务”的深度融合是目标。

因此，高职工程监理专业智慧化创建的目标可以描述为：在“智慧化”创建的理念指导下，以工程监理职业标准与综合职业能力课程观为主线，以工程监理应用能力的培养为特征，实现专业内涵的“智慧化”创新；依托学院公共数据平台，充分利用互联网、物联网技术，发挥信息技术对高职教育现代化的支撑作用，加强技术筛选和集成创新，汇集整合各类数据，改造、提升、创新融合传统形式上的专业建设，打造互动、开放、共享的“教—学—训—业”平台，实现“宜教、宜学、宜训、宜业”。

2.2.3 高职工程监理专业“智慧”创建特色

高职教育工程监理专业的智慧化创建，既是对传统专业建设的现代化改造和提升，也是完整意义上的创新；既是继承，又是发展；是具有完整历史观的专业建设思路。因此，就需要我们反思工程监理专业智慧化创建的特色在哪里？因为，这是我们工程监理专业智慧化创建的核心价值所在，也是新生事物的生命力所在。

在智慧化创建的理念下，高职工程监理专业要全面建成“校企合作、能力本位、创新融合、持续成长”的特色示范专业。

所谓“校企合作”，是指在“智慧化”创建的理念下，利用新一代互联网、物联网技术，打破校企合作的瓶颈和制约，创新模式，实现“校企合作教学、校企合作育人、校企合作就业、校企合作发展”。

所谓“能力本位”，是指着眼于专业的“智慧化”培养的理念，从“智慧培养”的角度，提升专业内涵和质量，实现“能力导向的课程、能力递进的训练、能力全面的师资”。这是高职工程监理智慧化创建的核心和根本。

所谓“创新融合”，是指利用新一代信息技术，创新专业发展的路径，实现高职工程监理“专业内涵创新、技术集成创新、‘技术＋业务’深度融合”。

所谓“持续成长”，是指在上述三点的基础上，最终实现“学生成长持续、专业发展持续、校企双赢持续”。具体如图 2-2 所示。

创建特色
- 校企合作：校企合作教学、校企合作育人、校企合作就业、校企合作发展
- 能力本位：能力导向的课程、能力递进的训练、能力全面的师资
- 创新融合：专业内涵创新、技术集成创新、“技术＋业务”深度融合
- 持续成长：学生成长持续、专业发展持续、校企双赢持续

图 2-2　高职工程监理专业智慧化创建特色

2.2.4 高职工程监理专业“智慧”创建路径

2.2.4.1 高职工程监理专业的“业务”创新

(1)人才规格构成统筹三个要素

高职工程监理专业培养的人才规格是由统一在职业岗位上的三个要素构成,分别是“在马克思主义哲学思想、科学社会主义政治觉悟、公民道德修养等意识形态下的职业素养”、“必须、够用、连贯的专业知识”和“满足岗位需求的职业技能”。具体如图 2-3 所示。

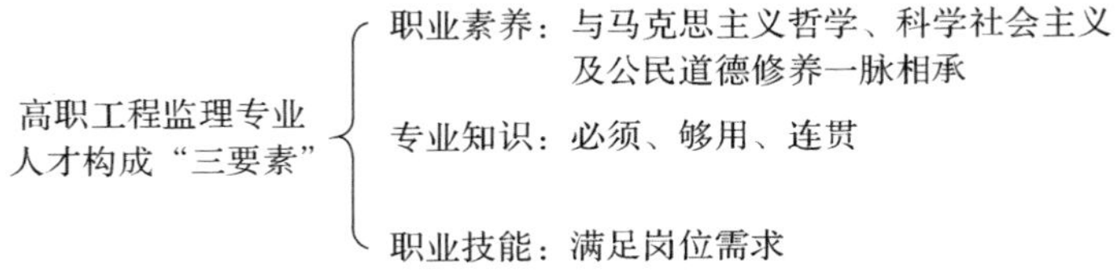

高职工程监理专业人才构成“三要素”
- 职业素养:与马克思主义哲学、科学社会主义及公民道德修养一脉相承
- 专业知识:必须、够用、连贯
- 职业技能:满足岗位需求

图 2-3 高职工程监理专业人才构成“三要素”

(2)人才培养重点凸显四个核心能力

高职工程监理专业人才培养的重点是职业能力,该专业突出的四个核心能力分别是“核对施工策划、参与进度控制的能力”、“对建筑工程进行施工质量和施工安全检查的能力”、“合同管理和投资控制的能力”以及“参与编制监理文件和工程资料管理的能力”。具体如图 2-4 所示。

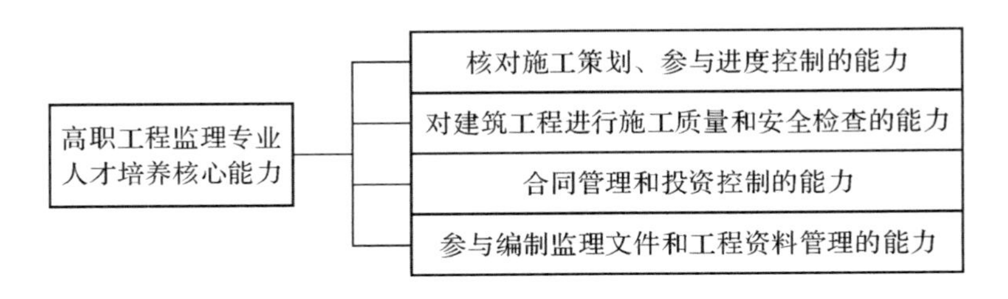

图 2-4 高职工程监理专业人才培养核心能力

(3)能力训练基本方法遵循三个过程

“从感性认识到理性认识,再从理性认识回到实践”是人的认识过程,循环往复形成智慧、发展提高,也是人才培养的基本规律。由于专业培养目标是职业能力,因此从职业能力的工程实践感知入手,获得感性认识;

将工地现场情景与课堂教学对接，然后对其原理、内在规律进行学习和深化；再回到工程实践中指导职业技能的训练。通过这三个过程，进行能力培养。具体如图 2-5 所示。

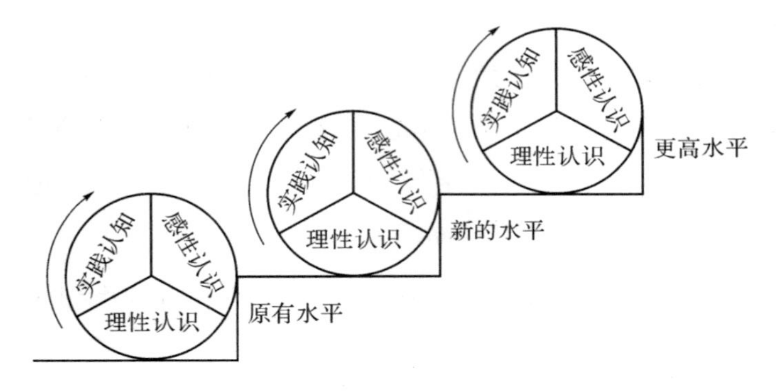

图 2-5　高职工程监理专业能力训练过程

(4)人才培养途径遵循三个阶段

通过第一阶段的“专项能力”、第二阶段的“综合能力”和第三阶段的“顶岗能力”训练，完成人才培养。课程内容分别与相应的职业资格标准对接，在每一个阶段能力训练完成后，参加国家专项职业技能鉴定或省岗位资格考核，在学校和职业的双重考核下，实现专业人才培养与企业人才需求对接，实现本专业的人才培养。具体如图 2-6 所示。

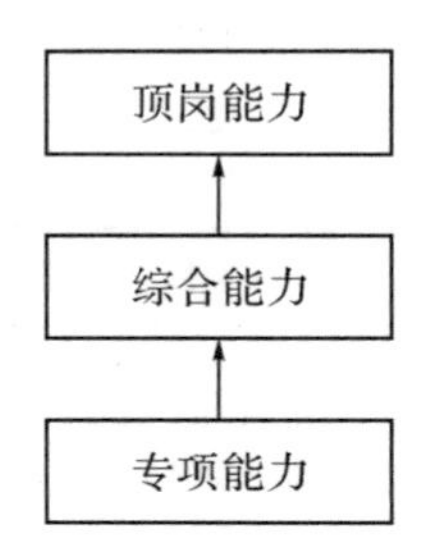

图 2-6　高职工程监理专业三阶段人才培养途径

2.2.4.2　高职工程监理专业的“技术”开发——监理之窗

高职教育工程监理专业的“智慧化”创建，要充分利用新一代互联网、物联网技术，在专业内涵创新提高的基础上，实现“技术＋业务”的深度融合。因此，在技术开发过程中要重点实现“技术＋业务”深度融合的创新路径。

在此基础上，我们构想进行“监理之窗”的开发平台，致力于打造智慧化的动态，可持续的教学、学习、训练过程以及校企合作的平台。平台开发形成云、管（网）、端（物）一体化，云计算技术与具体业务及过程管理相融合的一个体系。

2.3 高职工程监理专业“智慧化”创建内容

2.3.1 高职工程监理专业“智慧化”创建内容概述

通过利用互联网等新技术，将工程监理专业的学生学习、教师教学、校企合作等资源和系统进行整合，搭建开放、互动、共享、平等、共进的交流平台；为工程监理专业师生提供一个全面的智能感知环境和综合信息服务平台，同时为校企合作提供相互交流和相互感知的接口，从而实现工程监理专业的智慧化学习、教学、管理和服务。具体如图 2-7 所示。

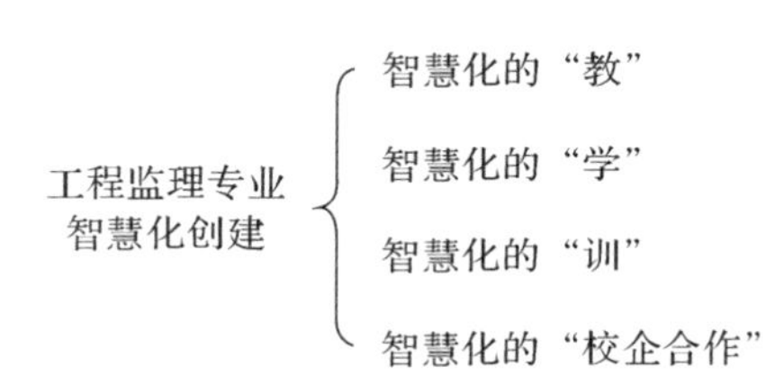

图 2-7　工程监理专业智慧化创建内容

（1）智慧化的“教”：综合运用现代科学技术，整合信息资源，搭建合作、共享、互动的教师教学平台，以智慧建设的理念，实现专业建设的智慧化升级。

（2）智慧化的“学”：以促使实现学生智慧化学习为目标，利用虚拟化和互联网等新技术及智慧化设备，搭建开放、互动、共享、平等、共进的合作学习交流平台。

（3）智慧化的“训”：针对建筑工程岗位训练项目难以设置、实操训练难以模拟工地实境等缺陷，依据互联网技术及智慧化设备拓展训练途径，并对工程监理训练科目进行智慧化升级，实现岗位能力训练的合理化设置。

(4)智慧化的“校企合作”：从目前工程监理企业积极实现质量全控的核心需求入手，搭建校企共用平台。既实现了企业项目的质量过程管控，共享了企业资源，又为高职培养创新路径提供了资源支撑。

2.3.2 高职工程监理专业“智慧化”创建项目

2.3.2.1 智慧课堂创建

智慧课堂，核心是教学，包括智慧化的“教”和智慧化的“学”，是指教师的教学智慧借助新一代信息技术在教学实践中运用、生成与创新的过程。

如图 2-8 所示，教师教学行为改变是前提，课堂教学形态优化是重点，学生学习质量提升是归宿。教师智慧的教学方式直接引导学生智慧的学习方式，教师在探索智慧教学方式的过程中逐步形成教学智慧，学生在发现智慧学习方式的过程中逐步形成学习智慧，而课堂教学也在教师教学智慧与学生学习智慧的逐步形成中成为完善、成熟的智慧课堂。

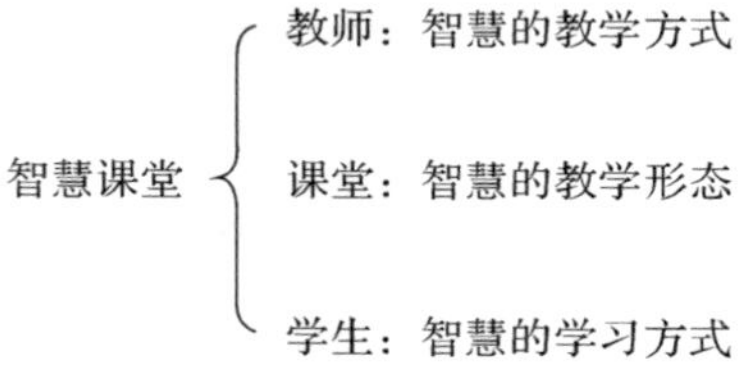

智慧课堂
- 教师：智慧的教学方式
- 课堂：智慧的教学形态
- 学生：智慧的学习方式

图 2-8 工程监理专业智慧课堂创建框架

2.3.2.2 智慧训练创建

高职教育的根本任务是适应社会需要，培养高等技术应用型专门人才。这需要我们以培养技术应用能力为主线设计学生知识、能力、素质结构的培养方案。实践训练承担着培养学生自主性和研究性学习的能力以及培养创新意识、工程素质、创新能力的重要任务。

因此，需要依托现有校园网络信息化环境，充分利用先进的感知、协同、控制等前沿技术，对工程监理专业的实训内容进行智慧化的整合和优化，为工程监理专业学生开展训练提供细微的、贴切的、立体的、能够感受到的智能服务。具体如图 2-9 所示。

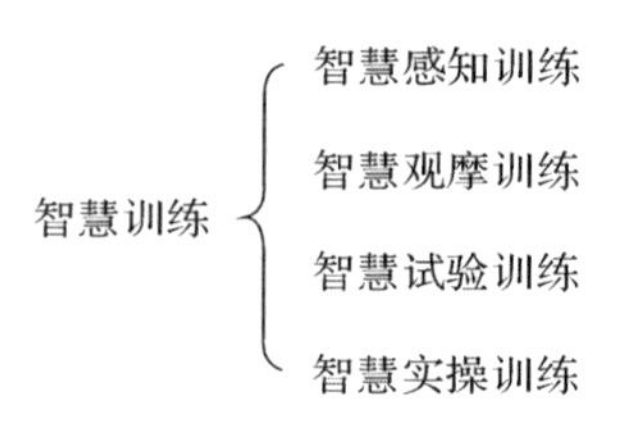

图 2-9　工程监理专业智慧训练创建框架

(1)智慧感知训练：依托物联网技术及智慧化设备，进行“钢筋工、模板工、砌筑工、抹灰工、砼工”等工艺感知训练。

(2)智慧观摩训练：依托物联网技术及智慧化设备，进行“建筑构造”、“结构构造”、“施工现场”等认识观摩和教学讲解。

(3)智慧试验训练：依托现有的校园网络信息化环境，充分利用先进的感知、协同、控制等前沿技术，建立开放的、创新的、协作的、智能的综合试验信息服务平台，进行“材料试验”、“土工试验”、“实体检测”、“反求实验(设想)”。

(4)智慧实操训练：以“训练室＋智慧化设备＋信息化环境”获得互动、共享、协作的实操训练环境，进行“测量放线”、“质量检查”、“安全检查”、“分户验收”、“资料管理、样品制作”、“采购询价、协调、会议”、“内业管理”等模拟训练用；实现教育信息资源的有效采集、分析、应用和服务。

2.3.2.3　智慧校企合作

目前，工程监理企业日益重视提高技术服务品质，但是监理企业员工素质参差不齐；而企业管理层为降低企业运营风险，将技术服务过程中的偶发因素进行系统控制的愿望日益强烈；而目前现代技术的发展也为企业远程、全过程的质量管控提供了实现的技术路径。

对比而言，目前高职院校的校企合作实现日益困难，归根结底是校企合作难以实现企业利益，企业无法实现双赢目标。尤其是建设类高职院校，由于其专业的特殊性，校内教学很难与工地实境结合，校内能力训练项目设置较难，且对工程实境资源的需求强烈。

因此，目前高职院校迫切需要依托现有的信息化环境，充分利用先进的感知、协同、控制等前沿技术，搭建校企合作的智慧化平台。具体来说，从工程监理企业积极实现质量全控的核心需求入手，搭建校企共用平台，企业实现项目的质量过程管控，学校实现工地现场管理的过程嫁接入校内，共享了企业资源，最终实现双赢。具体如图 2-10 所示。

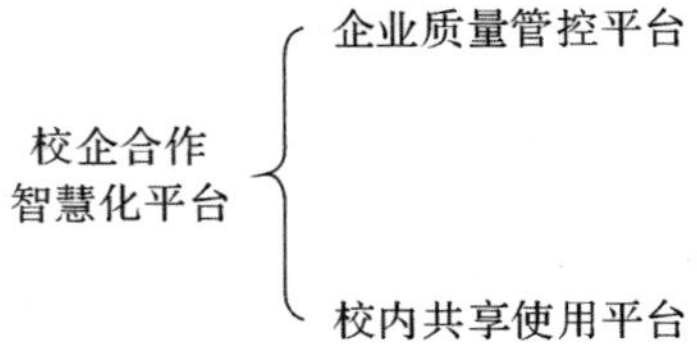

图 2-10　工程监理专业校企合作智慧化创建框架

3 高职工程监理专业“教”的智慧化创建

3.1 高职院校教学特点及现状

3.1.1 高职院校教学特点

3.1.1.1 教学目标的就业能力性

教学是教师引起、维持、促进学生学习的所有的行为方式。教学目标是教学活动的出发点和归宿，在教学过程中具有定向、启动、激励、控制和评估等功能。

高等职业教育是高等教育的重要类型，也是职业教育的重要组成部分，担负着培养面向生产、建设、服务、管理第一线需要的高技能、应用型专门人才的使命。因此，高职教学要突出实际应用能力，坚持以就业教育和能力教育的理念和方法培养学生，构建能力教育体系，以特定的能力要求作为教学目标，以专业对应的典型职业活动的工作能力为主线，构建知识、技能和素质三位一体的综合职业能力结构。

3.1.1.2 教学设计的系统开发性

所谓教学设计，是指通过对学习过程和学习资源所做的系统安排，创设有效的教学系统，以促进学习者的学习。

教学设计是高职教学的必要环节。高职教学设计要以学的内容、学习活动和学生作为设计的核心问题，重视情景和协作在教学中的重要作用，重视发挥学习者在学习过程中的主动性和建构性，注重把握教学设计过程中学习者、目标、方法和评价四个关键要素。

3.1.1.3 教学内容的针对实用性

以服务为宗旨、以就业为导向的高职教育目标，决定了它的教学内容和课程体系必须符合社会经济发展和产业对人才的需求，突出应用性、实践性的原则，在职业分析的基础上确定，把职业要求的知识、技能、素质与受教育者的认识习得过程结合起来。

高职教学内容必须满足岗位就业需要，统筹兼顾实用知识和先进技术，恰当处理好近期就业“必需够用”和将来发展“迁移可用”的关系；科学构建针对性强、适应高技能人才培养要求的课程内容体系。

3.1.1.4 教学方法的实践性

高职教育的人才培养目标是培养高技能应用型人才，更加强调实践性，这是高职教学的特色，也是培养技术技能型人才的核心。

高职教学方法的实践性体现在以下几个方面：一是重视学生互动参与；二是合理确定实践教学，强化学生技能培养；三是注重职业素质培养。

3.1.1.5 教学队伍的“双师型”

我国职业教育长期存在“重理论、轻实践”，“重知识传授、轻能力培养”现象，问题的核心是高职教育师资社会实践的能力不足。为促使理论教学与实践教学的有机结合，“双师型”教师队伍则显得尤为重要。

高职教育教学队伍的“双师型”，既包括教师个体层面上的这种狭义的“双师型”内涵，专业课教师都应具有指导、示范、教会学生专业技能的能力；也包括广义的“双师型”教师，即职业教育教师队伍由职业院校教师和来自于企事业单位且取得教师资格证书的工程技术人员共同构成，构建结构合理、数量适宜、专兼结合的“双师型”教师队伍。

3.1.2 高职院校教学现状

高职教育与普通高等教育之间最大的不同之处就在于高职培养的是

动手能力强、专业特色鲜明的应用型人才，特别强调岗位的适应性，“以就业为导向”的办学理念逐步得到普遍认同。但是，高职教育的教学特色并没有得到充分显现。具体表现在：以就业为导向的办学指导方针仅停留在理念层面上，能力本位的教学理念还没有落实到教学的全过程；课程设置的特色不明显，理论课程仍然是课程主体；教学偏理论、少实践，等等。

3.1.2.1 职业岗位的面向性不够

高职教育是高等教育的一部分，同时具备职业教育的属性。其职业性体现在所培养的人才能适应职业岗位的需求方面。一是培养生产、建设、管理、服务第一线需要的高素质技能型人才，满足行业企业的职业岗位需求；二是主动适应区域经济发展和产业结构调整的需要设置或调整专业；三是注重改革人才培养模式，着力培养学生的职业能力和职业素质，提高学生的操作能力、动手能力、实践能力和创新能力。

目前，我国的高等职业教育忽视了高职教育是面向职业、注重能力培养的教育。培养出来的学生理论功底有余，而实践操作能力不足，难以适应岗位需求，失去高职特色。因此，高职教育应在职业性上突出特色：培育职业素养、突出职业技术、重视智力技能、拓宽职业空间。尤其是职业空间的拓展尤为重要，随着社会和企业的发展、专业知识交融促进新的岗位和能力要求的变化，高职学生应变力和持续力就面临很大挑战，会力不从心，缺少蓄势待发的根基，缺少融会贯通和主动地自我学习的能力。

3.1.2.2 “学科中心论”的突破性不够

目前，高职教育“翻版”专科教育或“压缩”本科教育，学科系统性强，缺少对专业知识进一步应用的内容，造成学生所学的知识与学生职业能力要求不相适应。就拿比较能体现高职特色的实践性课程内容来说，验证性内容较多，而以对实际生产的仿真性内容和训练学生解决实际问题的内容太少，造成学生所学的知识不能贴近实际生产和行业的实际需求；新技术、新工艺、新方法教学滞后，造成学生所学的知识跟不上行业发展的要求。

3.1.2.3 特殊教育对象的针对性不够

随着高等教育大众化的加速，以及高职教育招生秩序安排的不合理，高职院校学生出现了一些传统观点上的突出矛盾，可以称为应试教育的

"失落者"、传统智能评价的受害者，部分学生在学习基础和学习心理两个方面都表现出"准备不足"。

目前，高职课程缺少对受教育者基础与需求的分析。课程设置不甚合理，脱离高职学生的接受能力，不利于学生实操水平和综合运用知识解决实际问题能力的提高；课程成绩评定体系与学生能力水平评价不相适应，与社会上职业资格认定水平不相容。

美国费城喜鹊孩高中强调："我们尊重每个学生的个性，提供不同的学习经验，帮助学生发展个人的价值观、知识和能力。"虽然学校鼓励"每个学生在各个领域都制定高目标并努力达成"，但是他们认为"卓越来自多种形式"。因此，作为高职教育我们需要正视，而不应该回避矛盾，探索符合学生的认知规律和现实要求，还要以多样化的质量标准、学习内容、学习方式及学业评估方法适应日趋多样化的生源情况，而不能让这些学生再成为高职教育的"失意者"。

3.1.2.4　强化实践性不够

高等职业教育的教学内容分为理论与实践两个部分，这两者相辅相成，同等重要。可是目前我国高职教育依然多以课堂讲授理论知识为主，而实践教学的学时所占比重偏小，并且所学理论不能完全适用于工作岗位的需要，针对性和可操作性较差，存在理论知识和实践能力相脱节的现象。教学计划与普通专科没有太大区别，实践教学环节省略，实验课开不出去，实践教学时数不能真正达到高职教育的要求。

3.1.2.5　考核评价能力性不够

教学必须尊重学生的差异，随着教学内容、形式的多样性，教学评价主体、评价指标也应当多元化。目前，高职院校课程考核环节存在如下不足：①理论考核与实践性考核脱节，并且理论考核"重记忆、轻能力"；②实践性考核模糊性强、定量评价不足、缺乏科学性。因此，创新高职院校的课程考核方式的改革需求日益凸显。

根据学生的个性差异，改变以往过分注重单一理论考核的做法，根据课程教学目标设定多项考核内容与方式，以能力考核为主，设计多元评价体系。南京师范大学教育科学院课程评价专家杨启亮教授认为：不是研究让中国教师和学生如何去适应从国外借鉴来的评价方法，而是要研究国外的评价方法应如何改造才能适合我国不同地区、不同办学条件的教师和学生。实践表明，考核方式"动、活、鲜、趣"，内容接近个体水平、契合学生心理特点和认知规律，体现以学生为本，以发展为本，在以"能力"为核心的理念下，充分发挥考核的评价、反馈、激励、引导等功能，促进其他教学环节对"能力"培养的深化。

3.1.3 高职院校工程监理专业教学现状调研

3.1.3.1 调研问卷

表 3-1 是对浙江建设职业技术学院有关工程监理专业教学现状对学生展开的调研。

表 3-1 工程监理专业教学现状调研问卷

调研问题	选择项
1. 你认为高职教学的教学理念是什么？	A. 以能力为本；B. 以知识为本；C. 以素质为本
2. 你认为高职院校的"高"体现在哪里？	A. 高理论；B. 高技能；C. 高就业
3. 你认为教师教学中偏重什么？	A. 知识传授；B. 能力培养；C. 素质教育
4. 你认为教师较擅长的教学方式是什么？	A. 理论教学；B. 实践教学；C. 理论与实践教学
5. 教师在教学中最能吸引学生的是什么？	A. 内容适宜；B. 教法灵活；C. 人格魅力
6. 你比较喜欢的教学方式是哪一种？	A. 课堂知识传授；B. 实训室技能训练；C. 其他
7. 你比较喜欢的考试类型是哪一种？	A. 理论知识考试；B. 实验实训考试；C. 职业考试

3.1.3.2 调研结果分析

(1)理念分析

问题 1 和问题 2 反映浙江建设职业技术学院工程监理专业的学生对高职院校教学理念的一些看法。具体如图 3-1 和图 3-2 所示。

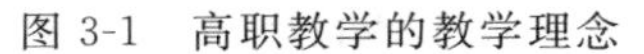

图 3-1　高职教学的教学理念

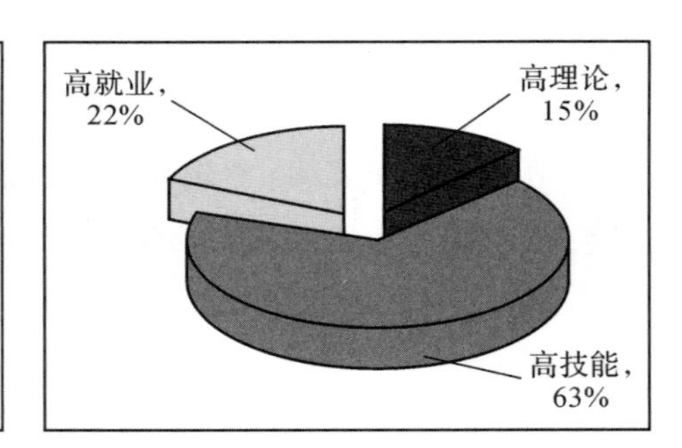

图 3-2　高职院校的“高”的体现

（2）问题不足

问题 3 和问题 4 反映浙江建设职业技术学院工程监理专业的学生对高职院校教师教学过程中的一些看法。具体如图 3-3 和图 3-4 所示。

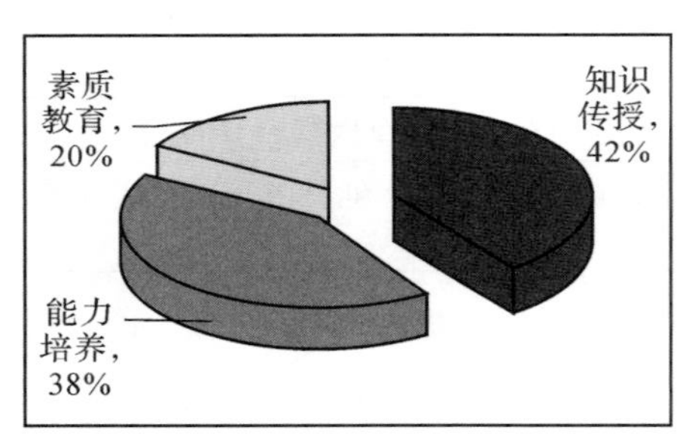

图 3-3　教师教学中的偏重

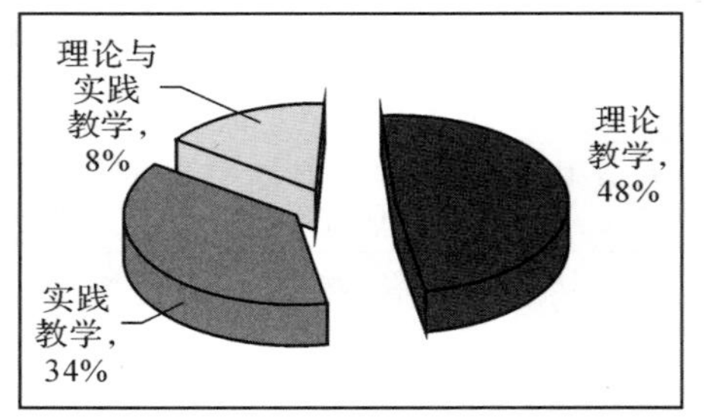

图 3-4　教师较擅长的教学方式

（3）改进措施

问题 5、问题 6 和问题 7 反映浙江建设职业技术学院工程监理专业的学生对教学方式改进的一些看法。具体如图 3-5、图 3-6 和图 3-7 所示。

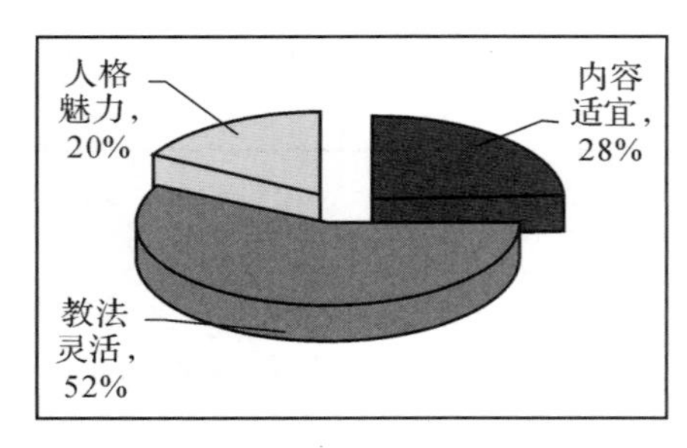

图 3-5　教师在教学中最能吸引学生之处

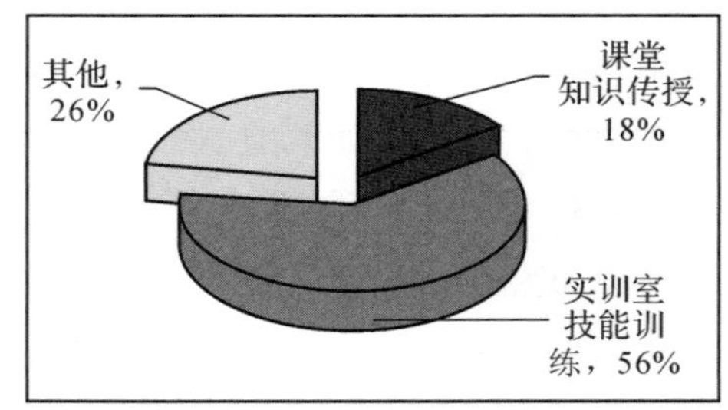

图 3-6　比较喜欢的教学方式

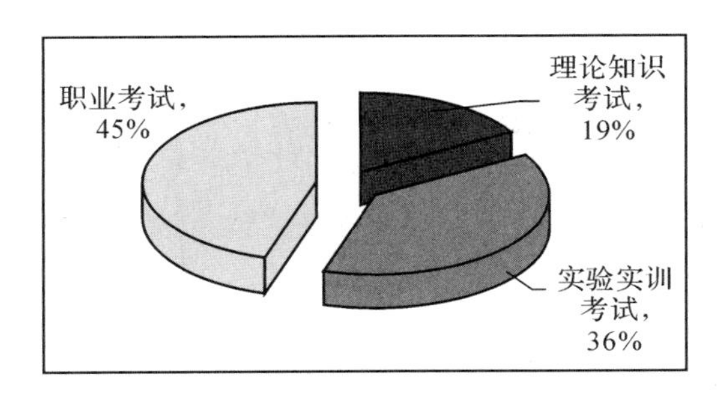

图 3-7　比较喜欢的考试类型

3.2　遵循认知、满足需求、实现智慧教学

3.2.1　高职“遵循认知、满足需求、智慧教学”的理论依据

3.2.1.1　认知学徒制的内涵

在学校出现前，师徒制教学是培养人才最常用的手段。学校教育与师徒制在许多方面存在差异，其中最重要的就是在学校教育中，学生学习的知识都从其使用环境中抽离出来；而在师徒制中，学徒在真实问题环境中学习解决问题的知识与技能，这样的学习过程对学生所获得的知识与技能的本质有重要影响。20 世纪 80 年代后期，美国认知科学家科林斯和布朗等从传统学徒制研究中受到启发，将传统学徒制进行升级，提出“认知学徒制”理论。

“认知学徒制”是学校教育与师徒制的整合，既博采众长又克服缺点。虽然学校教育在组织与传授概念与事实知识方面是成功的，但却很少关注专家使用知识解决复杂与现实问题的过程，结果是学生学习的概念与事实知识处于零散与惰性状态。学生信赖标准的问题表征书本模式，而不是解决问题的策略知识或问题自身的内在性质。如果问题超出了书本模式，学生不会使用恰当的策略来解决问题。由于缺少解决问题的方法，学生也不会使用已有的资源来提高自己的技能。为了提高学生的技能，既需要理解专业实践的本质，同时也需要为学生提供恰当的方法来学习这些实践活动。

“认知学徒制”的内涵包括设计所有教学环境所必需的四个维度：内容、方法、顺序性和社会性。“认知学徒制”被认为是“一个能促进技能和知识向工作场所成功迁移的教学模式”。

(1)内容维度

“认知学徒制”的内容包括领域知识和策略知识。领域知识是指关于某个专业领域或学科内容中能清晰识别的概念、事实和程序；策略知识是指那些专家应用领域知识去解决真实问题的默会知识。

(2)方法序列

认知学徒制的方法包括示范、指导、搭建脚手架、清晰表达、反思和探究等六种。其中，示范、指导、搭建脚手架这三种方法可以帮助学生通过观察和有指导的实践来获得一整套问题解决的技能。清晰表达和反思两种方法是为帮助学生注意观察专家的问题解决方式，有意识地进入和控制自己的问题解决策略。而探究的目的是为鼓励学习者形成在解决问题时的自主性。

(3)顺序性

认知学徒制提供一些基本原则去指导学习活动的排序：复杂性的递增，多样性的递增，全局技能先于局部技能。

(4)社会性

影响社会性的因素包括以下几个方面：情境学习，实践共同体，内部动机，利用合作与竞争。

3.2.1.2 “认知学徒制”的高职应用

(1)挖掘知识策略

在高职教育体系中，实际动手能力的经验和技艺性知识比重较高，它是通过不断的积累和创新，主要蕴藏在头脑中的隐性知识。高职学生基础知识薄弱、认知能力不足、专业经验缺乏，仅通过学习和实践无法充分挖掘和积累隐性知识。认知学徒制重视专家在将知识运用于解决复杂现实生活任务时所关涉的推理过程与认知策略，将原本隐蔽的内在认知过程显性化。如在“认知学徒制”的示范环节，既演示操作具体技能，又分析讲解问题解决策略，外显给学生。

(2)开展实践活动

有意义的学习是将新知识同化进原有认知结构，是“学生自己经过学习和亲身体验自发产生的，而不是直接通过教师讲授”。认知学徒制中，学习者在求解问题和完成任务的专业技能实践中，通过积极观察、领会、练习、实践、交流、反思等方式，在实践中学习专家实践所需的思维、问题求解和处理复杂任务的能力，逐渐从专家实践共同体的边缘向中心行进，专业实践技能随着实践过程的深入得到提升。

(3)创设认知环境

职业教育本质需要高职教育必须由学生个体自闭内向式学习转向外向互动参与式学习，由教室静态灌输式教学转向企业工作实境中的建构式学习。让学生们在一个能反映真实任务本质的环境中去执行任务，使他们理解所学知识的目的和用途;积极运用知识而不是被动接收知识，通过在情境中的实践思索将知识上升到抽象。

“认知学徒制”认为，知识必须在真实情境中呈现才能激发学习者的认知需要，有助于学习者发现问题、提出问题、生成主动解决问题的认知兴趣和进取欲望，进而探索问题答案，形成问题解决的技能。认知学徒制提倡将学校课程中的抽象任务置于对学生有意义的情景之中，注重于创造一个参与者积极沟通并从事专业技能实践的学习环境。

(4)提倡交流合作

“认知学徒制”提倡构建实践共同体，教师和学生组成教学活动实践共同体，观看示范，接受指导，通过观察、实践、反思等活动产生个体理解，经过清晰表达上升为组织理解，实现知识共享。同时，实践共同体无形中也形成了一个竞争氛围，学习、交流的过程中学习者通过对比可以取长补短，完善自我。

3.2.2 高职“遵循认知、满足需求、智慧教学”的关键

3.2.2.1 回归教育的本质

教育起源于生产劳动，起源于生产劳动中人的交流。教学本质上是人们生产劳动中的一种交流和交往行为。

高等职业技术教育的教学，必须与生产劳动相结合，在生产劳动中实现教与学的结合，在生产劳动中实现教育本质的回归。同时，教育与生产劳动相结合也是使人全面发展的“唯一方法”，是教育大众化的本质要求和必然趋势。

3.2.2.2 从感性认识开始教学

教学特殊的认识过程。“生动直观感性认识——理论抽象思维——实践”是认识过程的真理和认识客观事物的途径。个体人的认识能力有差异，理性思维模式不同是产生认识能力差异的主因。若从理性思维、学科的角度实施教学，必然是扩大这一差异，思维图式相同的，会同化和深化；思维图式不同的，会加深“排斥”。

人们的感性认识能力差异明显地小于理性思维能力所带来的认识能力的差异。从人们认识能力差异比较小的感性认识能力开始，教师在感性认识的基础上，对不同理性思维能力的人进行引导，可以很大程度上缓解教学过程中的“水桶效应”。从感性认识开始教学过程的另一好处是吸引学生对新知识和信息的兴趣，激发学生主动地接受信息。尤其是对高职教学而言，大部分教学内容，都可以且有必要直接或间接从感性认识开始教学。

3.2.2.3 抽象思维结合实践完成教学

知识是抽象和具体的统一，能力是知识和行为的统一。实践是人实际心理体验，能使知识转变成能力，本质上是主体性的和能动的。实践行为关于知识的感觉和体验使抽象知识还原成具体的知识，可以激发学生的主动性、创造性、积极性，事半功倍。

作为高等职业技术教育，专业课程应该是抽象理论教学与实践的统一，通过实践来巩固、丰富、强化抽象的思维模式，使抽象的思维模式转变

成生动的、丰满的、形象的思维模式和情感、意志，形成学生的能力。

3.2.3 高职“遵循认知、满足需求、智慧教学”的实施

3.2.3.1 构建“隐—显融合、理—实统一”的教学内容

高职教学内容不仅包括事实、原理、概念、理论等显性知识，更重要的是经验、技术、技能、能力等隐性（默会）知识。隐性知识恰恰是高职学生非常需要的彰显高职教育特色的教学内容，显性知识可以通过传统的教学方式获得，而默会（隐性）知识因高度个人化而难以形式化，不易于传授给别人。具体体现在教学内容的体系方面，需要关注显性知识与隐性知识同步获得，呈现出共性教学体系或显性教学体系与个性教学体系或隐性教学体系的相互统一。

隐性知识的顿悟、积累、转换都是以参与综合实践活动为前提的。在实践过程中，无意识地逐渐地将原本无关联的知识、经验连接在一起形成能力。同时，显性知识的接收、理解、记忆、整理和深化也要依靠默会知识的运用。无论是显性知识的内化，还是隐性知识的社会化和外化，都离不开学习者的实践活动。没有“学”的做和没有“做”的学都是行不通的，“做”和“学”是不可分割的整体。具体体现在教学内容的结构方面要呈现出理论教学结构与实践教学结构相互统一的“二元辩证关系”的特点。

教学内容的确定，一是必须针对培养高技能人才的教学目标设计教学内容，切实做到必须够用，并注重基础知识模块、通用技能模块、岗位技能模块有机结合：基本的科学文化知识必须具备；专业基础知识必须够用；基本的专业技术技能和操作能力必须掌握；适应岗位变化的基本素质和应变能力必须培养和初步具备；工作中应具有的创新精神、开拓意识和创业能力必须强化。二是根据就业岗位的多样性，灵活有针对性地教授和学习不同岗位需要的技能，做到对准岗位设课程，实现按需施教并尽可能与学生个性相适合。

按照余祖光研究员的观点，教学内容的确定方法如下：①优先职业活动中具有典型性、有普遍意义的内容，利用已有课程框架组织、综合相关教学内容；②用综合的办法把理论知识和实践能力结合起来，把基础性、

专业理论性和专业性内容有机结合起来，根据课程内容组成综合课程和模块式课程；③按照核心内容和非核心内容组成必修课和选修课；④按照人的学习心理规律来组织教学内容。

3.2.3.2　构建“感性—理性—实践”的教学计划

高职专业教学活动的实施安排包含两个层面，一是课程体系之间的安排，是宏观层面的安排，具体是不同类型课程安排秩序；二是课程内部知识体系的安排，是微观层面的安排，具体是教学活动的组织。

无论宏观的教学计划还是微观的教学活动，都要符合“感性—理性—实践”的认知规律，满足“知识、能力、素质”相统一的核心点。实际上从另外的角度而言，这样体现了教师的主导与学生的主体的矛盾关系。

3.2.3.3　构建“内容实践性”与“形式主体性”统一的教学模式

高职教育的教学模式体现在教学客观环境上，需要设置“情境虚拟式”；体现在教学行为关系上，需要实行“行为导向式”等课堂模式。既强调情境的构建，又注重学习者的参与是获取工作过程知识的恰当途径，具有教学内容的实践性与教学形式的主体性的统一关系。

高职学生获取在职业活动中最有用的默会知识——工作过程知识，应以情境理论为指导，构建获取工作过程知识的情境，即创设与真实的职业活动情境相同的职业教育情境，打通获取工作过程知识的途径。教学情境就是以直观方式再现书本知识所表征的实际事物或者实际事物的相关背景，是学生认识过程中的形象与抽象、实际与理论、感性与理性以及旧知与新知的关系和矛盾。

“行动导向”为优化教学、发挥学生主体提供了较好的解决方案。“行动导向”要求教师在行动中引导教学，组织教学，要求学生通过任务引领来开展学习，要求在任务完成和问题解决过程中展开自我管理式的学习，从而达到脑力劳动和体力劳动的统一。

行动导向教学模式，变封闭教学为开放教学、变直接教学为间接教学、变竞争教学为合作教学。行动导向教学模式改变了传统师生的地位，教师从知识的传授者、教学的主要承担者成为学习行动的组织、引导、咨询和参与者，学生从学习的被动参与者变成主动行动者，转变了传统的教学方式，颠覆了以教为中心的教学方式，形成了以学为中心的教学方式。将“用”作为主题和学习过程的主要环节，并将“用”与“学”整合在一个完整的过程中，提高了学生的全面素质和综合职业能力。

3.3 高职工程监理专业“智慧化”教学创建实践

3.3.1 教学内容“智慧化”创建实践

依据监理员岗位典型工作任务，分析其职业能力，厘理清工程监理专业毕业生应具备的素质、知识和能力，确定相应支撑课程，实现课程内容与职业资格标准的对接。

课程体系构建是在能力目标开发的基础上，按照认知规律的要求，从知识、能力、素质相统一的角度构建的课程体系，它是从事教学活动的内容和依据。根据教学认知规律，从“感性—理性—实践”的认知思路出发，构建教学体系。通过专项技能到综合技能再到顶岗能力的三个由易到难递进的能力训练阶段，序化教学活动。

3.3.1.1 坚持“知识、能力、素质”统一，构建课程体系

工程监理专业课程设置包括素质教学课、专业教学课（含专业能力支撑课、专业核心能力课和纯实践教学课）、拓展教学课（含专业拓展课和素质拓展课）。具体如图 3-8 所示。

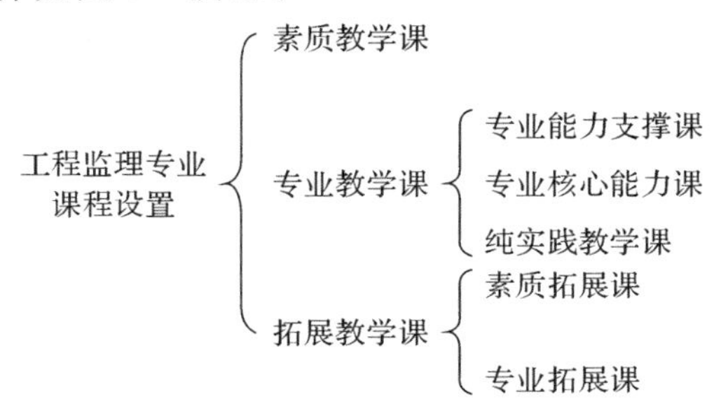

图 3-8 工程监理专业课程设置示意

工程监理专业课程共设置2664学时,其中素质教学课程578学时,占总学时的22%;专业教学课程1842学时,占总学时的69%;拓展课程244学时,占总学时的9%。另外,不含拓展课程,理论课程占39%,实践课程占61%。具体如图3-9所示。

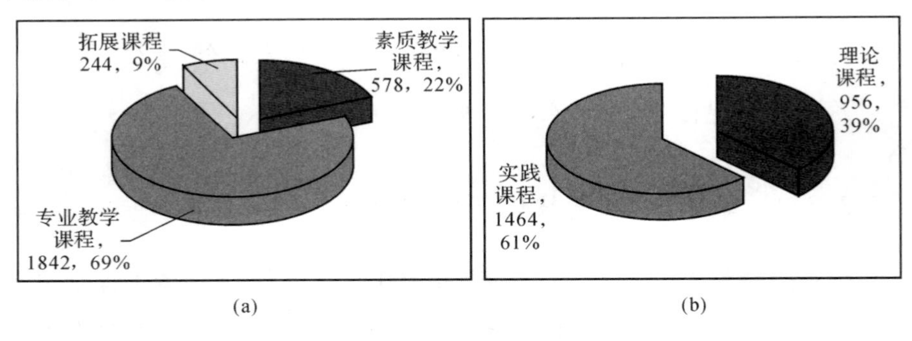

图3-9 工程监理专业课程分析

(注:其中图(b)不含拓展课程)

在工程监理“专业教学课程”中,专业能力支撑课程658学时,其中实践课程244学时;专业核心能力课程288学时,其中实践课程108学时;纯实践教学课程896学时。具体如图3-10所示。

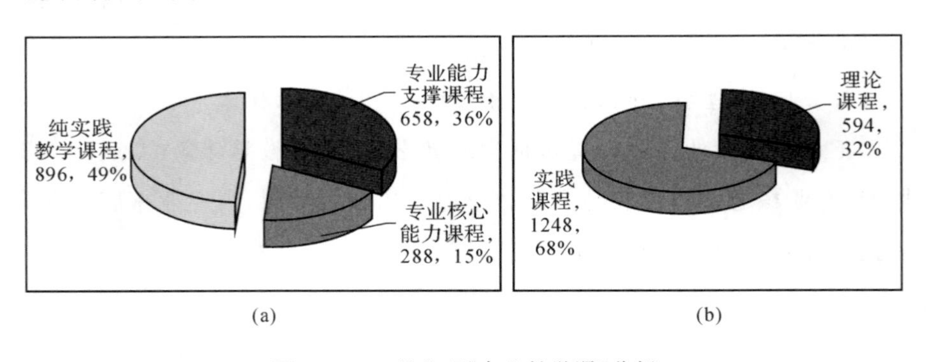

图3-10 工程监理“专业教学课”分析

在工程监理“拓展课程”中,专业拓展教学课程128学时,素质拓展教学课程116学时。另外,本专业的拓展课程把技能、岗位、等级考核作为修学分的方式,考核教学课时未计入,故拓展课时偏少。具体如图3-11所示。

在校期间获得的各类证书可折算为素质拓展课程学分,折算标准为:

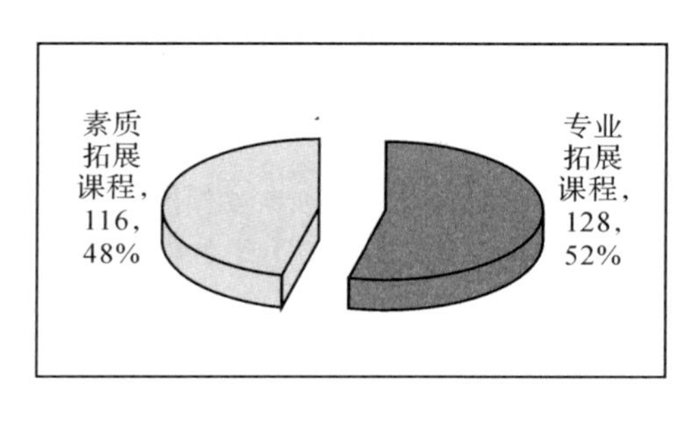

图 3-11 工程监理"拓展教学课"分析

职业资格证书高级计 4 学分，中级（含上岗证）计 2 学分；大学英语证书六级计 5 学分，四级计 4 学分，三级计 3 学分；英语应用能力等级证书 A 级计 3 学分，B 级计 2 学分；浙江省教育厅计算机等级考试二级计 4 学分，一级计 2 学分。

3.3.1.2 遵循"感性—理性—实践"认知，构建教学体系

经历"工程实际感性认知的课程教学→理性认知的课程教学→岗位技能训练的课程教学"三个过程，其中贯穿力学、材料、地基基础等实验室实验，认识、生产、模拟等实训室实训和企业实岗顶岗训练等关键性环节，将课堂知识传授与工地现场情景相对接。具体如图 3-12、图 3-13、图 3-14所示。

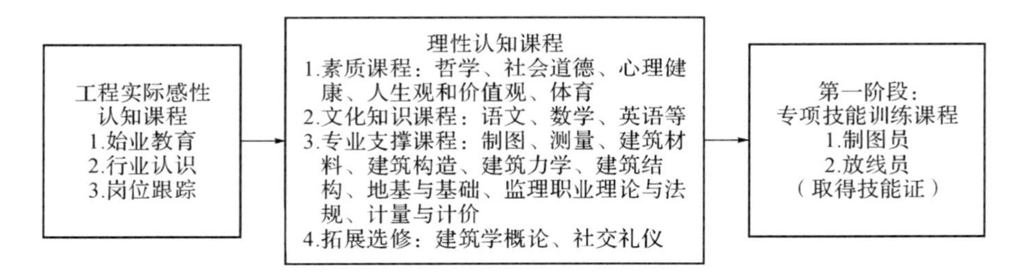

图 3-12 工程监理专业"第一阶段"课程安排示意

3.3.1.3 坚持"复杂性、多样性"递增，序化教学活动

通过专项技能到综合技能再到顶岗能力的三个由易到难递进的能力训练阶段，序化教学活动。在完成制图、测量课程后参加制图员、放线员国家职业技能鉴定，在工艺认知课程结束后进行对应工种国家职业技能

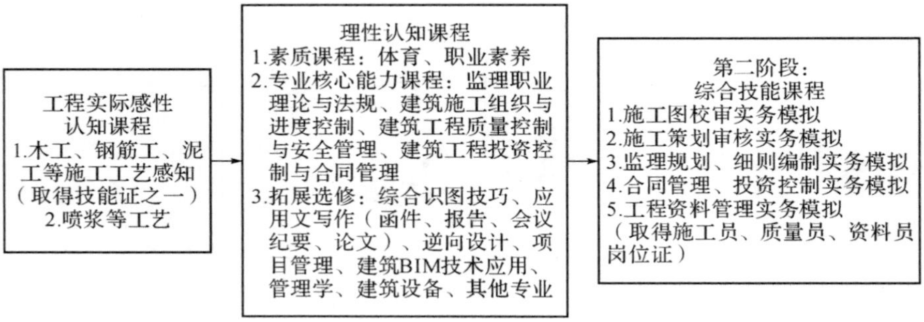

图 3-13　工程监理专业“第二阶段”课程安排示意

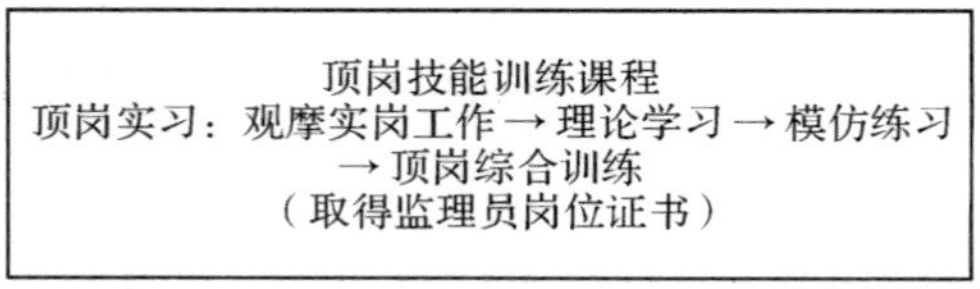

图 3-14　工程监理专业“第三阶段”课程安排示意

鉴定，在施工课程完成后参加浙江省建筑施工岗位考核，在监理顶岗技能训练完成后进行监理员岗位考核，通过学校和国家职业技能的双重考核，实现专业人才培养与企业人才需求对接。具体如图 3-15 所示。

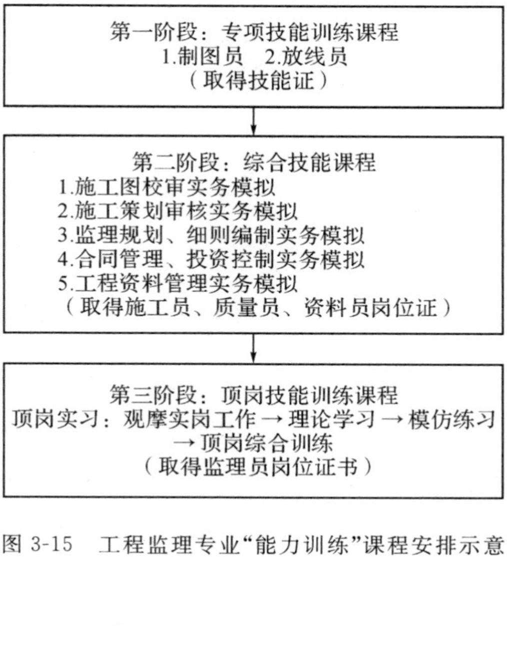

图 3-15　工程监理专业“能力训练”课程安排示意

3.3.2 教学过程“智慧化”创建实践

3.3.2.1 工程监理专业教学过程的智慧创建

工程监理专业教学过程的智慧创建如图 3-16 所示。

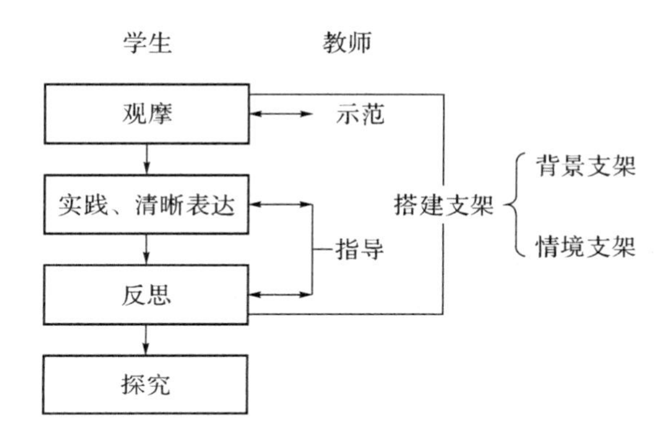

图 3-16 工程监理专业教学过程的智慧创建示意

(1) 搭建支架。支架支撑的是支持学习者学习的整体方法,聚焦于任务、环境、教师和学习者。主要包括背景支架和情境支架。通过背景支架的搭建,去唤醒学生原有的相关知识经验,为学习掌握新知识做好充分准备;通过情境支架搭建,给学生提供有利于他们理解新知识的情境。

(2) 示范。示范环节是将问题解决技能外显给学生:一是演示并分析、解释问题,提供解决策略。二是借助视频设备把问题解决过程可视化。通过视频播放可以根据学习需要重现实践过程,放大、缩小、加快或减慢实践画面的播放,达到对技能运用仔细分析,从而更深层、更全面挖掘专家隐性知识。教师可以使用两种策略:一是边示范边解释学生将要用到的技能;二是先把要解决的问题呈现给学生,让他们思考整个过程,然后提供问题解决过程的示范,把内部的认知过程外显。

(3) 指导、实践、清晰表达。在学生进行实践时观察学生,提供暗示、挑战、反馈和示范等。指导能把学生的注意力指向任务中以前从未注意到的一些方面,或是提醒学生注意任务中被忽略的一些方面。指导需要监控学习者的实践过程,预留出足够的空间去允许真正意义上的探究和问题解决;指导帮助学习者反思他们的实践并和他人的实践相比较,同时让学生表达或演示出知识和思维的过程，以暴露或澄清它们。布置任务让学生分成小组去解决，这样他们会被迫去向彼此表达他们的思维。教师也可以在学生解决问题时，鼓励他们将自己的想法清晰地表达出来，或让学生在合作性活动中承担批评者和监视者的职责，以便把自己的观点清晰地表达给其他学生。

(4)反思。反思是让学生把自己的问题解决过程和专家、学生、同伴的问题解决过程相比较，以达到理解和改进。反思的方式可以是教师把学生的行为方式和他本应该怎样做进行比较；或者把学习者整个行动记录下来，把他和专家的行为方式进行比较。

(5)探究。当指导和支架逐渐淡出后，学生学习中的独立探究就会自然发生。学生根据教师的建议，并在教师指导下进行活动。教师并不教给学生怎样解决问题及提供材料帮助学生探究，而是提出一般性问题，让学生进入到他们自己的具体问题解决中。

3.3.2.2 工程监理专业教学情境的智慧化创设

情境是指在一定时间内各种情况的相对的或结合的境况，智慧是在一定的情境中养成的。具体到教学过程中，情境表现为教师所创设的具有一定情感氛围的教学活动。良好的情境能充分调动学生学习的主动性和积极性，启发学生思维，开发学生智力。

情境创设分两种：一种是接近真实的教学情境；一种是有丰富资源的教学情境。具体如图 3-17 所示。

- 工程监理教学情境
  - 接近真实的教学情境
    - 工艺感知教学情境：感知钢筋、模板、砌筑、抹灰、砼等工艺
    - 观摩认识教学情境：认识观摩建筑、结构构造及施工现场等
    - 试验探究教学情境：进行材料、土工试验，实体检测等
    - 技术实操教学情境：进行模拟训练
  - 丰富资源的教学情境
    - 与企业合作共建实际工程项目资料档案库

图 3-17　工程监理专业教学情境创设示意

另外，在具体的教学活动中，创设直观情境、问题情境和协作情境(见图 3-18)。随着现代网络技术的迅速发展，我们还应积极借助互联网、物联网技术和云服务技术为我们创设情境提供技术支持。

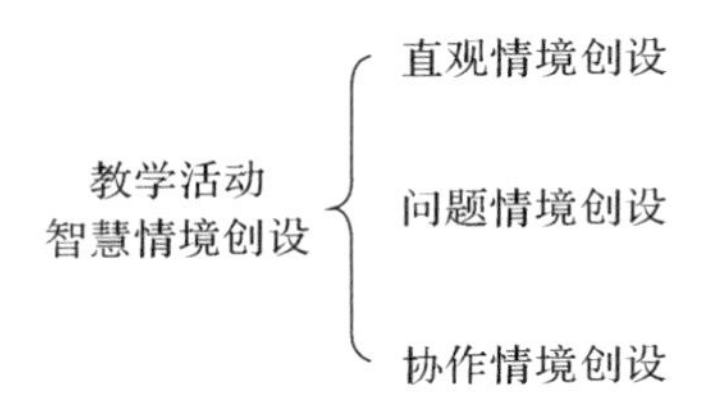

图 3-18　工程监理专业教学活动智慧情境创设示意

(1) 直观情境的创设。利用多媒体具有文本、图形、动画、视频、声音等多种媒体集成的功能，把教学内容直观、形象地展现在学生面前，让学生通过外部多种刺激迅速感知教学内容。

(2) 问题情境的创设。利用多媒体计算机网络，创设问题情境，激发学生的学习兴趣，培养学生发现问题、探索问题和解决问题的能力。

(3) 协作情境创设。利用网上交流工具(如 QQ、微信等)创设协作化学习情境，利用多媒体网络计算机创作工具平台，为学生创设一个充分发挥自己的想象、创作自己的作品或亲自动手模拟实验操作的情境。

除利用多媒体技术创设情境外，教师、专家和学生构建的实践共同体可以使参与者针对专长所涉及的技能进行积极交流，并参与实践这些技能。共同体包含着学习者和教师或专家直接的密集交互，可以促进学生的自主思考，小组问题解决的过程中能将相关过程和推理外显。

附录

表 1　工程监理专业教学进程安排

类型＼课程	课程代码	课程名称	考核方式	学分	总学时	学时分配		周学时						备注
						理论	实践	一	二	三	四	五	六	
								14	16	16	16	18	14	
素质教学课（必修）	910001	形势与政策	考查	1	16	16	0	学院安排						第1、2学期分别占8学时
	910002	思想道德修养与法律基础	考查	3	48	32	16	3						其中课外实践活动6学时（第一学期开设院系：建工系、城建系）
	910003	毛泽东思想和中国特色社会主义理论体系概论	考试	4	64	46	18		4					
	910004	体育	考试	8	124	4/4/4/0	24/28/28/32	2	2	2	(2)			括号为课外体育锻炼和《体质健康标准》测试等
	910005	英语	考查	4	60	60	0	2	2					
	910006	应用高等数学	考试	4	56	56	0	4						
	910007	军事理论	考查	2	28	28	0	2						
	910015	军事技能训练	考查	2	2周		2周	2周						
	910008	大学计算机基础	考试	4	56	28	28		4					前14周
	910009	大学生职业发展与就业指导	考查	2	40	28	12	1	1	由系安排				
	910018	大学生心理健康教育	考查	2	34	30	4	1	1					含心理普查4学时
	小　计			36	578	336	242	15	14	2				

续表

课程类型		课程代码	课程名称	考核方式	学分	总学时	学时分配		周学时						备注
							理论	实践	一	二	三	四	五	六	
									14	16	16	16	18	14	
专业教学课(必修)	专业能力支撑课	130001	建筑力学	考试/考查	4	56	50	6	4						
		130002	建筑材料	考查	3	42	27	15	3						含建筑材料实验、检测训练
		130003	建筑构造与识图	考试	6	88	56	32	4	2					投影、制图、构造
		130004	建筑工程测量	考查	4	48+1周	48	1周		4+1周					含建筑测量实训
		130005	建筑结构	考试/考查	6	96	72	24		4	2				含应用训练、框剪结构模型现场教学
		130007	地基与基础	考查	4	64	48	16		4					含应用训练
		130008	建筑施工技术	考试	5	80	60	20			5				含翻样、方案编制、节能样板楼现场教学
		140032	建筑 CAD	考试	4	64		64			4				
		230112	建筑工程计价	考查	4	64	44	20				4			含计量与计价电算应用训练
		小计			40	628	405	223	11	14	11	4			
	专业能力核心课	130075	建设监理职业理论与法规★	考试	4	64	40	24			4				含应用训练
		130076	建筑工程质量控制与安全管理★	考试	4	64	40	24			4				含应用训练
		130077	建筑工程施工组织与进度控制★	考试	4	64	40	24				4			含应用训练
		130078	建筑工程投资控制与合同管理★	考试	4	64	40	24				4			含应用训练
		小计			16	256	160	96			8	8			

续表

类型		课程代码	课程名称	考核方式	学分	总学时	学时分配		周学时						备注
							理论	实践	一	二	三	四	五	六	
									14	16	16	16	18	14	
专业教学课（必修）	纯实践教学课	150006	建筑工程认知实践	考查	2	32		32		（2）					课余时间执行
		140059	质量安全检查实践	考查	2	32		32				2			检验批、分户验收，安全检查，检验记录
		140060	施工图校审实务模拟	考查	2	2周		2周					2周		
			施工策划审核实务模拟	考查	2	2周		2周					2周		施组、方案等验算、审核
		140061	监理规划、细则编制实务模拟	考查	2	2周		2周					2周		规划、细则（含旁站见证方案、安全监理细则）
		140062	合同管理、投资控制实务模拟	考查	2	2周		2周					2周		变更、支付和索赔审核
		140009	工程资料管理实务模拟	考查	2	2周		2周					2周		
		150007	岗位认知实践	考查	4	8周		8周					8周		校外8周
		160001	顶岗实践	考查	14	14周		14周						14周	
		小计			32	896		896				2			
	小计				88	1780	565	1215	11	14	15	18	26	26	

续表

课程类型		课程代码	课程名称	考核方式	学分	总学时	学时分配		周学时						备注
							理论	实践	一	二	三	四	五	六	
									14	16	16	16	18	14	
拓展教育课（必修）	专业拓展课		职业素养	考查	2	32	32	0				2			爱岗敬业、恪守标准、严谨正直、团结协作、良好的执行力、谦虚谨慎、终生学习、礼仪修养、忠诚于供职企业
		130006	建筑设备	考查	2	32	20	12							含应用训练（第3、4学期选修）
		130071	施工现场项目管理	考查	3	48	32	16							含应用训练（第3、4学期选修）
		130074	人防工程概论	考查	2	32	32								在第3、4学期安排
		140027	结构模型制作	考查	2	32		32							大学生结构设计大赛
		140025	建设项目可行研究	考查	2										自主学习能力提升平台中支撑核心课程和拓展知识面的网络课程
		130042	室外工程施工	考查	2	32		32							
		140029	工程施工案例	考查	2	32		32							
		130015	建筑节能	考查	2										
		140028	施工软件应用	考查	2	32		32							在第3～4学期安排
		140055	建筑BIM技术应用	考查	3	32	16	16							在第3～4学期安排

续表

类型 / 课程		课程代码	课程名称	考核方式	学分	总学时	学时分配		周学时						备注
							理论	实践	一	二	三	四	五	六	
									14	16	16	16	18	14	
拓展教育课(必修)	专业拓展课	140063	建筑工程虚拟仿真实训系统应用	考查	2	32		32							实际教学过程中穿插使用或课余自主学习
		140064	建筑工程识图仿真系统应用	考查	2	32		32							实际教学过程中穿插使用或课余自主学习
		140065	地下工程虚拟仿真实训系统应用	考查	2	32		32							实际教学过程中穿插使用或课余自主学习
		140066	工程监理信息化平台应用	考查	2	32		32							实际教学过程中穿插使用或课余自主学习
		最低需选修10学分													
拓展教育课(必修)	素质拓展课		制图员实践	岗位考核	2										制图员岗位证书
			放线员实践	岗位考核	2										放线员岗位证书
		140050	施工工艺感知实践	考查	2+2	2周		2周			2周				取得钢筋、外墙外保温、木模板、砌筑等操作岗位证之一，加2学分
			监理员岗位实践	岗位考核	4										监理员岗位证书
			施工现场技术岗位实践	岗位考核	2										施工员、质量员、资料员等岗位证书
			英语能力	等级考试	3～5										三、四、六级3、4、5分，A、B级3、2分
			计算机能力	等级考试	2(4)										一、二级2、4分

续表

类型 \ 课程		课程代码	课程名称	考核方式	学分	总学时	学时分配		周学时						备注
							理论	实践	一	二	三	四	五	六	
									14	16	16	16	18	14	
拓展教育课（必修）	素质拓展课	910016	中外建筑文化		2	32									
		910017	中外人文名作导读		2	32									
		130043	建筑应用文写作	考查	2	32	16	16			2				含应用训练
			哲学		2										
			其他专业课程		$2\times n$										
		最低需选修12学分													
必修课周学时数									26	28	17	18	26	26	

说明：1. ★为核心课程；2. 本专业实行“双证书”制度，实现专业课程内容与职业标准衔接，把职业资格证书课程纳入专业人才培养方案之中，确保学生至少取得一个岗位证书（监理员4学分，制图员、放线员两个专项岗位技能证书（初级各2学分，中级各4学分），一个相关工种岗位技能证书；3. 拓展课时按至少384学时（专业拓展192＋素质拓展192）安排。

表2　工程监理专业学分学时分配

学分/学时 \ 课程	各学期学分学时分配						总学分		总课时		实践课时（不计拓展课）	
	一	二	三	四	五	六	总计	占总学分比例	总计	占总课时比例	总计	比例
素质教学课程	17.5/280	14.5/234	2/32	2/32	0	0	36	24.66%	578	21.49%	1498	55.69%
专业教学课程	11/154	16/266	15/240	18/288	12/416	14/364	86	58.90%	1728	64.24%		
拓展教学课程（最低要求）	24/384	24	16.44%	384	14.28%							
总计	146/2690	146	100%	2690	100%							

表 3　工程监理专业独立设置的实践环节安排

课程代码	实践环节名称	学期	学分	学时或周数	地点	实践内容	能力目标	备注
910015	军事技能训练	一	2	2 周	校内	站军姿、队列训练及内务整理	具有良好组织纪律性和自觉性，有一定的个人自理能力和纪律约束自我能力	
150006	建筑工程认知实践	二	2	2 周	校内	建筑工程防水保温类型和节点构造、结构类型和基本构件、各阶段施工现场参观	能正确认识建筑、结构构造和施工机具、工艺、材料和环境	
140059	质量安全检查实践	四	2	32	校内	结构和装饰施工质量检查验收，现场安全生产和文明施工检查	能自主进行质量安全检查	
140060	施工图校审实务模拟	四	2	2 周	校内	施工图自审、会审	能看图和施工校审	
140061	监理规划、细则编制实务模拟	四	2	2 周	校内	监理规划、监理细则、旁站方案、见证方案的编制	能编制规划细则	
140062	合同管理、投资控制实务模拟	四	2	2 周	校内	合同变更、索赔和工程款支付审核	能进行变更、索赔和工程款的审核、计量计价	
140009	工程资料管理实务模拟	四	2	2 周	校内	工程资料的收集编制、保管使用、整理归档	能收集、编制、使用、整理、归档	
150007	岗位认知实践	四	4	8 周	施工现场	实岗了解岗位工作内容和实务模拟内容的工程体现	能理解岗位的工作	
160001	顶岗实践	六	14	14 周	施工现场	根据监理员岗位职责，履行相关岗位的技术、管理及协调工作	具有监理员顶岗工作的能力	
总计	30	812 课时						

表 4　工程监理专业课内实践教学安排

课程代码	课程名称	学期	学时	地点	实践内容（项目）	备注
910002	思想道德修养与法律基础	一	14	校内	素质能力培养与训练	
910003	毛泽东思想和中国特色社会主义理论体系概论	二	18	校内	素质能力培养与训练	
910008	大学计算机基础	二	32	机房	操作系统实验、IE 和 Outlook 实验、Office 基础和高级应用实验	
130001	建筑力学	二	6	力学实训室	超静定结构的计算	
130002	建筑材料	一	20	建材实训室	常用建筑材料实验	
130003	建筑构造与识图	二	32	绘图教室	投影、建筑制图、建筑构造设计和建筑图识图	
130004	建筑工程测量	三	1 周	校内	测量仪器的操作与使用、普通水准测量、角度测量、高程传递、平面点位测设、沉降观测、放线等	
130005	建筑结构	三	24	实训车间、教室	结构施工图识读、钢筋分离图绘制、框剪结构模型现场教学	
130006	建筑设备	三	12	教室	给排水施工图识读、建筑电气施工图识读	
130007	地基与基础	三	16	土工试验室、教室	土工试验、识读勘察报告、柱下低桩承台基础初步设计、塔吊基础设计	
130008	建筑施工技术	四	32	实训车间、实务模拟室	实训车间实物模型现场讲授、节能样板楼现场教学、脚手架体系（支模架体系、支护系统的相关计算和施工方案编制、分部分项工程质量验收（含软件））	
140030	建筑 CAD	三	64	机房	绘制建筑工程施工图	

续表

课程代码	课程名称	学期	学时	地点	实践内容(项目)	备注
130028	建筑施工组织	四	16	实训车间、实务模拟室	现场项目部布置、施工项目管理软件应用、施工进度计划编制、施工平面图设计、施工方案大纲编制	
130020	钢结构施工与验收		16	钢结构实务模拟室、中天校中场	钢结构工程施工图识读、验收资料编制、钢结构焊接操作实训	
130070	建筑工程安全技术与绿色施工		16	教室	安全管理台账的编写、收集、整理与归档;编写绿色施工专项方案及各阶段的验收资料	
130071	施工现场项目管理		16	实务模拟室	拟定施工现场管理体系,编写资源及成本管理实施方案	
140026	综合识图技巧		32	实务模拟室	结合识图大赛完成相关内容	
140028	施工软件应用		32	实务模拟室	脚手架、支模架等安全软件实训;标书制作软件实训;施工组织设计软件实训;施工资料管理软件实训	
130041	建筑应用文写作		16	教室	建筑应用文写作练习	
140027	结构模型制作		32	实训车间	结合结构大赛完成模型制作	
140055	建筑 BIM 技术应用		16	实务模拟室	revit 建模等	
140025	建设项目可行性研究		12	教室	项目可行性研究报告识读	
130015	建筑节能		12	建院节能检测中心	墙体保温性、门窗密闭性检测	

4 高职工程监理专业“学”的智慧化创建

4.1 高职院校学生学习现状

高职学生是高等职业教育培养和服务的对象，是其实施过程接受信息并主动建构的主体。高职学生的个性特征和学习特点是开展和推进高职教育教学改革的前提和基础。目前，高职院校学生均为伴随着互联网成长起来的年轻群体，具有鲜明的时代特征：见多识广、对权威抱怀疑态度，喜欢变化，缺乏耐性，快速浏览文字信息，易无聊，好表达，善于科技创新等。

4.1.1 高职院校学生特点

4.1.1.1 智力潜能较大

由于我国职业教育发展的时间较短，尤其是现行高考制度将高职教育划作高等教育的低层次，而非教育类别的原因，导致社会普遍对高职教育的地位认识不足；对高职学生亦存在偏见，简单认为高职学生具有“两差（文化基础差、学习习惯差）、两弱（自控能力弱、感知和悟性弱）”的明显劣势。显然，这种观点是片面的。

根据现代心理学和教育学研究成果，高职院校学生智力并不弱于普通高校学生，只是他们处理信息或智力分配的形式不同。从多元智力理论的角度来看，高职院校与普通高校学生的智力差异主要在于类型而非层次，例如，高职学生往往注意力难以较长时间集中在同一事物上，这是由于个体智力分配的结果。因此，我们要摒弃高职学生是“双差生”的错误观念，树立“潜能生”的正确认识。

4.1.1.2 形象思维活跃

高职院校学生形象化思维活跃，抽象思维相对较弱，如对文字、概念、逻辑关系为主要对象的抽象知识理解及演绎能力较弱。其认知模式的优势明显在于处理形象化材料而非抽象化的材料，这一特点又会导致长期记忆中信息归档能力较差，也就是对抽象知识记忆能力差。

在中小学教育阶段，许多基础知识是需要记忆的，这恰恰是高职学生的弱项。甚至进入高职院校后，一些传统的教学方法重讲述、轻操作，重记忆、轻理解，放大了其学习特点的负面值，容易积累挫败情绪，进而产生厌倦和畏惧心理。

4.1.1.3 动作记忆较强

高职院校学生动作记忆较强，或者说实践动手能力强，其对理解基础上的操作技能实践优于抽象知识归纳和保存能力。

一方面，高职学生长于形象思维，对直观性或体验性强的学习内容兴趣较强，在实践技能学习方面的主动性较高，稍加引导便能积极参与到专业岗位相关的实践和实习中；另一方面，记忆不再是高职学习的主要手段，理解演绎能力和操作能力在很多课程中是知识表征的重要手段和评估手段。

4.1.1.4 易采用惰性思维

目前，高考制度将高职院校作为高等教育的低层次，而非教育类别。依据高考成绩，经过一本、二本、三本等普通高校层层挑选后才轮到高职院校。客观上造成了高职院校学生没有作为一名大学生的荣誉感，甚至部分学生由于高考失利未能进入理想大学而心理失衡，总觉得不如别人，产生自卑心理，常常迷惘困惑、否定自我。

另外，受传统观念影响，社会对高职院校缺乏了解，对高职教育认同度普遍不足，负面评价较多，导致对高职学生的能力认识也有失偏颇。客观上影响了高职学生的自我认知，缺乏自信，降低了其自我评价和成功期望值，容易采用惰性思维来处理面临的困难，缺乏积极应对，甚至放弃。

4.1.2 高职院校学生的学习特征

4.1.2.1 偏重实用性内容

如前所述，高职学生形象化思维活跃，抽象思维相对较弱，动作记忆较强。再加上高职学生面对的就业压力较大，多数高职学生学习意愿较强，但是在学习内容上趋于务实。喜欢从主观上将学习内容区分为“有用”与“无用”，对主观认为“无用”的知识，毫无兴趣；对理论性知识学习缺乏积极性，喜欢趣味性问题，厌倦需要深入理解和分析的内容；重视实践操作，偏好实践实训和“情境性”内容知识的学习，但对技能培养的理解存在片面性，具有近景性。

4.1.2.2 倾向直观性方式

如前所述，高职院校与普通高校学生的智力差异主要在于类型而非层次，其智力并不弱于普通高校学生，只是他们处理信息或智力分配的形式不同。高职院校学生表现出形象思维能力强，抽象思维水平弱的特点，对理论性知识学习缺乏学习积极性和兴趣。但他们模仿能力强，长于动手操作，愿意用眼“看”、用手“做”，不喜欢用耳“理解”。学习方式倾向于“直观性”和“可操作”性，偏好实践实训和“情境性”内容知识学习。

4.1.2.3 凸显波动性情绪

如前所述，高职学生易采用惰性思维来处理面临的困难。一方面高职院校教师抱怨学生的低起点或学习上的惰性，另一方面高职院校学生则抱怨课程枯燥或无用，教师上课缺乏激情如同念经，学生在课程上就流露出厌学情绪。由此形成了相互抱怨的怪圈。

许多高职学生在学习上遇到困难就退却，不愿意钻研和深入学习，面对学习上的“挫折”和就业的压力，不少学生悲观失望，丧失信心，很少能享受到学习带来的乐趣，在思想情绪上多呈消极、焦虑、紧张、忧郁、自我否定等状态，影响学习行为和学习进程。

4.1.2.4 呈现依从性行为

近年来，高职学生承担的就业压力较大，多数高职学生学习意愿较强，能够正确认识扎实的专业知识对其成功就业的关键作用。但“学”什么、如何“学”却过多地依赖教师，教师说一步学生做一步，把学习仅局限于课堂。老师“教”什么自己就“学”什么，把课堂上教师传授的知识作为学习的全部，很少有学生对自己的专业有关知识进行深入思考，遇到困难时，不能知难而进努力克服。另外，高职学生学习过程中也表现出组织性、纪律性不强，学习行为缺乏自觉性和持久性，常常需要教师督促的情况。

4.1.3 高职院校工程类专业的学习特点

4.1.3.1 学习内容全面复杂

2012 年 6 月《国家教育事业发展第十二个五年规划》指出，高职教育要“重点培养产业转型升级和企业技术创新需要的发展型、复合型和创新型的技术技能人才”。高职教育培养的人才是为技术创新服务的，不仅要熟练地操作设备、应用技术，更应该为技术创新、产品更新、工艺革新等服务。因此，高职教育的学习内容涉及工作任务的全部方面，具有全面性；潜在于工作任务完成过程中，具有潜在性、隐喻性；始终发展变化着，具有动态性、开放性。

4.1.3.2 学习时空变化多样

高职教育的本质是技术教育，实践性是其根本属性。因此，高职教育实践性要求较高，且组织形式多种多样。在时间的安排上，如“2＋1 学制”、“1＋0.5＋1＋0.5”；“分段式教学组织”、“混合排课”“三学期”制等。在学习空间上既有普通教室、操场、实验室，又有其独特的实训车间、真实的企业生产车间等。特别是进企业实习，更是真实的生产、建设、管理和服务第一线。理论与实践、学校与企业、真实与模拟（虚拟）之间不断地交替变化，使“变化”本身也已成为学生学习的显著特点。

4.1.3.3 “学—做”日益融合

高职教育是以培养面向生产、建设、管理、服务第一线，德智体全面发展的高等技术应用型人才为目标的。高职教育的本质是技术教育，实践性教育是高等职业教育中十分重要的环节，“做中学，学中做”在技术应用型人才的培养中起着举足轻重的作用。“做”即实践，是外化；“学”是实践基础上的学习，是外化过程的内化。“做中学，学中做”是外化和内化的统一。

4.1.4 高职院校工程监理专业学生学习现状调研

4.1.4.1 调查问卷

表 4-1 是浙江建设职业技术学院有关工程监理专业学生学习现状对学生展开的调研。

表 4-1 工程监理专业学生学习现状调研问卷

调研问题	选择项
1. 哪一项能代表你周围同学的状况	A. 有理想抱负；B. 比较迷茫；C. 完成学业；D. 混文凭
2. 你对目前所学专业的态度	A. 很有兴趣；B. 感觉一般；C. 能坚持学；D. 厌学
3. 影响你学习兴趣的主要因素	A. 学习方式呆板；B. 学习内容枯燥；C. 不能学以致用；D. 其他
4. 你认为学习中最需要改进之处	A. 学生参与不够；B. 实践性不强；C. 内容陈旧；D. 教师专业能力不足
5. 你最喜欢什么样的学习氛围	A. 师生互动、气氛活跃；B. 实践模拟、锻炼能力；C. 教师讲授、学生笔记；D. 学生自学
6. 你最希望采用的学习方式	A. 实践体验 B. 情景模拟；C. 小组讨论；D. 角色扮演

4.1.4.2 调研结果分析

(1)现状分析

问题 1 和问题 2 反映了浙江建设职业技术学院工程监理专业的学生学习现状。具体如图 4-1、图 4-2 所示。

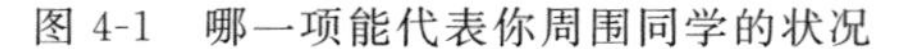

图 4-1　哪一项能代表你周围同学的状况

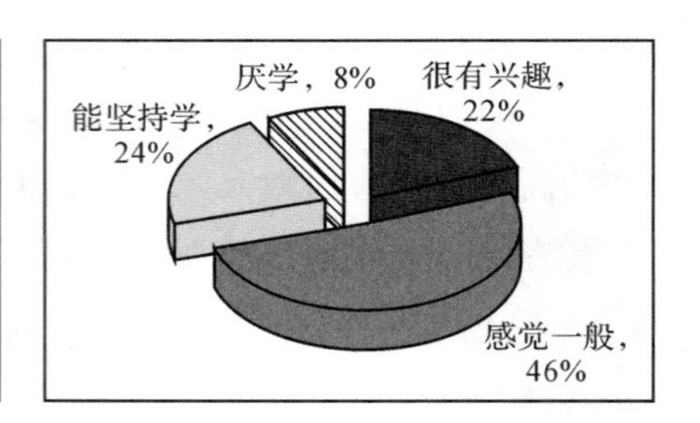

图 4-2　你对目前所学专业的态度

（2）问题不足

问题 3 和问题 4 反映了浙江建设职业技术学院工程监理专业的学生学习过程中存在的问题及不足。具体如图 4-3、图 4-4 所示。

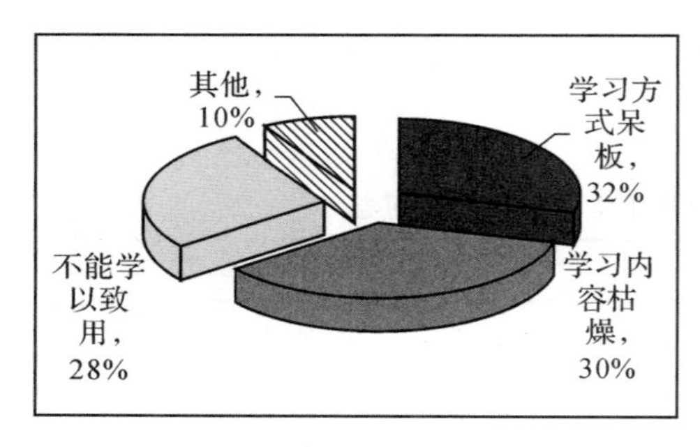

图 4-3　影响你学习兴趣的主要因素

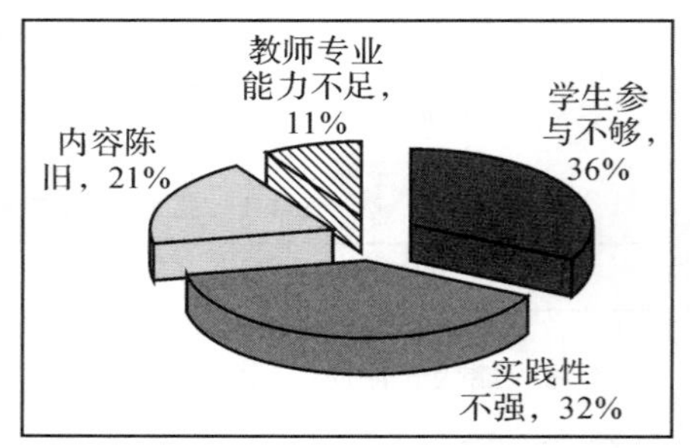

图 4-4　你认为学习中最需要改进之处

（3）改进措施

问题 5 和问题 6 反映了浙江建设职业技术学院工程监理专业的学生学习改进的措施方向。具体如图 4-5、图 4-6 所示。

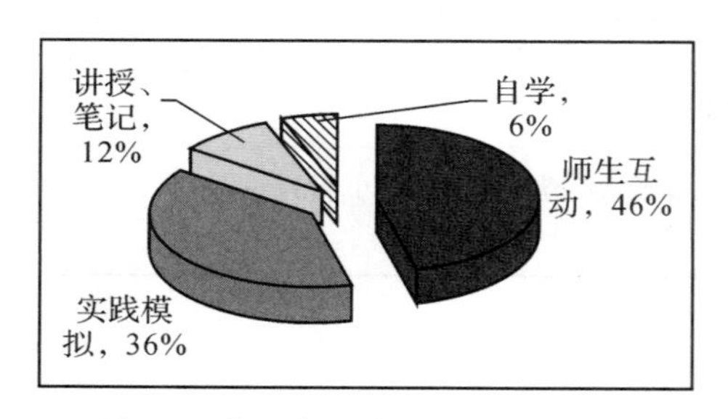

图 4-5　你最喜欢什么样的学习氛围

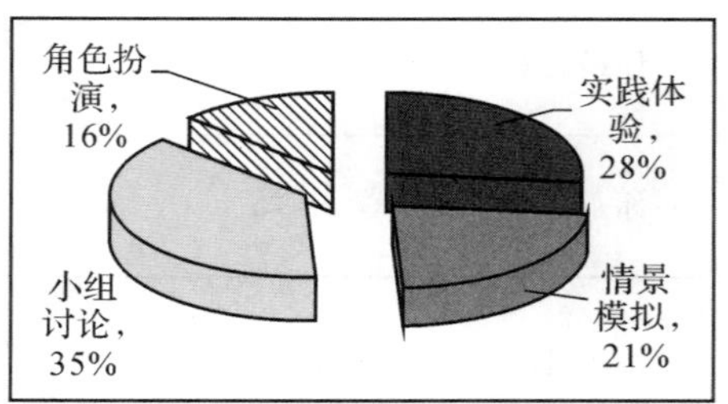

图 4-6　你最希望采用的学习方式

4.2 教辅一体、合作学习,彰显智慧

合作学习20世纪70年代兴起于美国,并在70年代中期至80年代中期取得实质性进展,在改善课堂心理气氛,提高学生成绩,促进学生良好非智力品质发展等方面效果显著。合作学习理论不仅限于普通教育范畴,更适合于高等职业教育专业课学习。

目前,我国高职教育较多地延续了普通教育模式,合作学习并未被突出强调。重"教师主导",轻"师生合作、生生合作";重"学科性的基础理论"、轻"合作获得知识技能"。实践证明,合作学习更有助于高职学生知识和技能的获取,增强其实践性和合作性的特点。合作学习是适应当前高职课程改革的需要在行动导向理论指导下,基于工作过程系统化设计课程,并实施工学结合和理实一体化教学,是当前高职院校专业人才培养改革的方向。

4.2.1 合作学习的理论基础

4.2.1.1 建构主义学习理论

建构主义是学习理论中行为主义发展到认知主义的产物。其认为,知识是学习者在一定情境即社会文化背景下,借助其他人(包括教师和学习伙伴)的帮助,利用必要的学习资料,通过建构意义的方式而获得。即学习不是知识由教师向学生的传递过程,而是学习者主动依据自身原有知识经验,在吸收新经验和信息的过程中,通过新旧经验的相互作用,对新经验进行的理解、加工、改造、调整、同化和顺应的充实、丰富以及建构内部心理结构(包括结构性的知识和非结构性的经验背景)的过程。

4.2.1.2 群体动力理论

社会学的群体动力理论认为在群体中,人与人之间会形成一种复杂的相互关系,这种关系必然影响到他们的行为,最终影响群体的行为。因此,群体中个人的活动、相互影响和情绪的综合,构成了群体行为的动力。

群体的本质就是导致群体成为一个动力整体的成员之间的互赖，在这个动力整体中，任何成员状态的变化都会引起其他成员状态的变化；成员之间紧张的内在状态能激励群体达到共同的预期目的。

4.2.1.3 发展理论

发展理论主要是皮亚杰学派的观点。它从认知的角度出发，重点探讨合作学习对完成任务效果的影响，即在达到小组目标的过程中是否每个小组成员都提高了自己的认知水平。皮亚杰学派的许多人都倡议在学校中开展合作活动。他们指出，学生在合作性的活动中，通过共同完成学习任务，讨论、磋商学习内容，解决认知冲突，阐明不充分的推理，提出不同意见，找到解决问题的方法等最终达到对知识的理解和认识，加速了学生的认知发展，提高了学生的认知水平。

4.2.1.4 选择理论

威廉·哥拉斯认为，“我们都被潜伏于基因中的四种心理需要所驱动，它们是：归属的需要、力量的需要、自由的需要和快乐的需要。”有鉴于此，高职学生有四种需要值得关注：归属（友谊）、影响别人的力量（自尊）、自由和对学习的兴趣。选择理论是一种需要满足理论，它认为学校是满足学生需要的重要场所，学生到学校来学习和生活，主要的需要就是自尊和归属等。可见，只有创造条件满足学生对归属感和自尊感的需要，他们才会感到学习是有意义的，才会对学习产生兴趣，才可能学业成功。

4.2.1.5 教学工学理论

教学工学理论认为，影响课堂学习质量及社会心理气氛的因素主要有三个：任务结构、奖励结构和权威结构。合作学习在任务结构方面利用小组合作，合理搭配成一个异质性小组团体，采用不同方式进行学习活动，将教学方式从传统意义上师生之间的单向或双向交流，拓展为各种教学动态因素之间的多向交流。在奖励结构方面，合作学习利用一个学生成功同时可以帮助别人成功这一正向的互赖关系来激发和维持学习活动。在权威结构中，合作学习强调以学生自我控制活动为主，教师指导协助为辅，要求学生利用自己的内在动机及同伴的激励来控制自己的行为，争取最大限度地获得学习成功。

4.2.2 合作学习的基本理念

4.2.2.1 合作学习的互动观

课堂上师生相互作用的模式如图 4-7 所示。

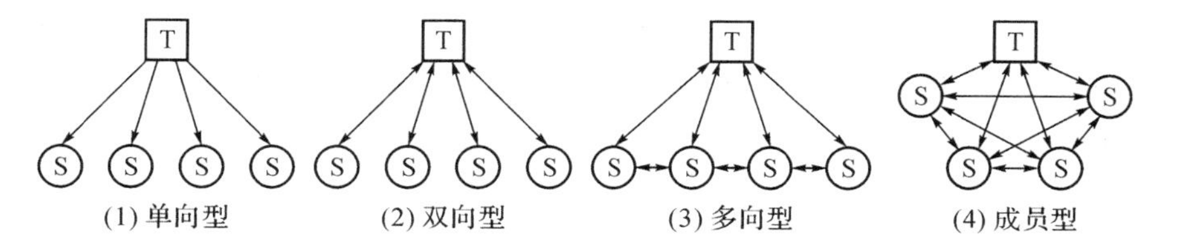

图 4-7 课堂上师生相互作用的模式

来源：Lindgren H C & Suter W N. Educational Psychology in the Classroom. California：Wadsworth，Inc.，1985：318.

说明：T＝教师；S＝学生

4.2.2.2 合作学习的目标观

合作学习的目标观是一种全面而均衡的目标观，重视培养学生的非智力品质，具有更强的情感色彩。正如一些研究者所言，在教学目标上，合作学习注重突出教学的情意功能，追求教学在认知、情感和技能目标上的均衡达成。

4.2.2.3 合作学习的师生观

合作学习认为学生与教育内容之间的矛盾才是教学的主要矛盾，即学生认识过程的矛盾。合作学习是以学生为中心，注重学生的活动和心理需要，突出学生“学”。教师充当“管理者”、“促进者”、“咨询者”、“顾问者”和“参与者”等多种角色，师生之间的关系由“权威—服从”变成了“指导—参与”。

4.2.2.4 合作学习的形式观

合作学习强调以学习小组活动为主体的形式。组内突出成员间的互补性和异质性；组间具有同质性，突出“组内异质、组间同质”的特点。既为组内互助合作奠定基础，又为组间竞争创造条件，实现了教学集体性与个体性的有机统一。

4.2.2.5　合作学习的情景观

合作学习认为,组织学生学习情境主要有三种:一种是竞争性的,争赢,即别人成功意味着自己失败;另一种是个体性的,自赢,各自朝既定目标独立学习;还有一种是合作性的,共赢,争取共同进步。合作学习倡导合作活动,将学生置身于一种满足需要、关爱尊重、相互认同、利益共享的情境之中,所有学生都应学会如何与他人合作,为趣味和快乐竞争,独立自主地进行学习。

4.2.2.6　合作学习的评价观

合作学习把"不求人人成功,但求人人进步"作为所追求的境界及教学评价的最终目标和尺度,是一种标准参照评价,形成了"组内成员合作,组间成员竞争"的新格局,使整个评价的重心由鼓励个人竞争达标转向大家合作达标。

4.2.3　合作学习在高职院校中的应用探讨

4.2.3.1　高职院校合作学习的应用

高职院校学生合作学习的基本程序如图4-8所示。

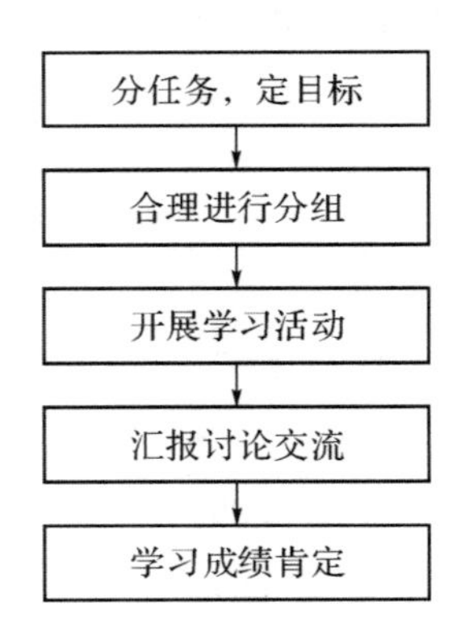

图4-8　高职院校学生合作学习的基本程序

(1)分任务,定目标。教师需要给学生明确教学目标和学习任务。确定学习目标具有定向、激励和评价作用,它直接影响合作学习能否有效开展。

(2)合理进行分组。依据"组内异质,组间同质"的原则,针对教材内容、任务的复杂程度等因素确定组数及各组人数。组内成员应根据学生的知识基础、学习能力、兴趣爱好、心理素质、先备知识、性别等进行综合搭配，并尊重学生意愿。小组内设组长、记录员、汇报员各一名。小组长组织全组人员合作学习，动手操作，开展讨论，完成小组学习任务；记录员记录小组合作学习过程中的重要内容，如合作学习的结论、组织讨论过程中的疑难问题。汇报员将本组合作学习情况向全班或老师进行汇报。具体分组如图 4-9 所示。

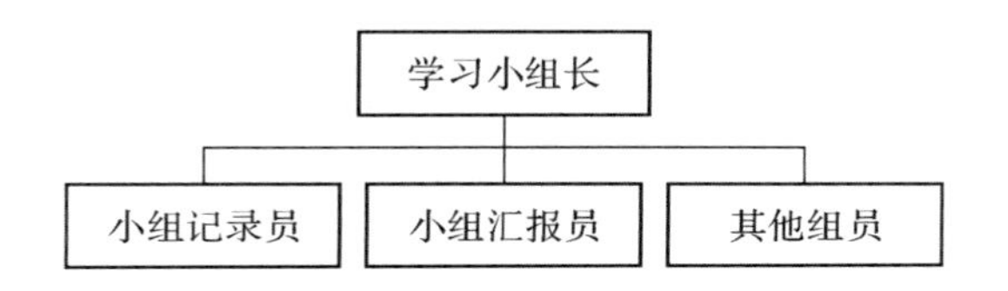

图 4-9 高职院校学生合作学习分组

(3)开展学习活动。小组学习活动包括角色分配以及依据教学目标进行学习与讨论。成员分工必须明确，每位学生都要承担一定责任，担任一种特定角色，如领导者、检查者、协调者、报告者等，并且彼此应该轮流担任，以增强生生互动的有效性。学生按照“短时、多次、有层次”的原则进行自主学习，根据自己的学习基础、习惯、水平、方式、速度等去谈、想、说、标注，整理、归纳已懂内容，求解答不理解的内容。

(4)汇报讨论交流。学习小组需向教师及其他小组汇报小组活动成果，并且针对学习情形及活动结果，在组间或全班范围内展开交流沟通，讨论在小组合作中所遇到的问题。

(5)学习成绩肯定。肯定学习成绩可以激励学生学习，激发小组成员荣誉感及成就感。教师对合作学习的内容及学生表现做必要归纳和评价总结，以总结经验，鼓励学生。

4.2.3.2 “教辅一体”是高职院校合作学习的有力保障

不可否认，12 年的中小学教育，是学校、家长合力“管出来”的客观事实。进入大学后，教学环境和中小学相比发生了较大的变化，“管出来”的学生面临着一个很大的转变，尤其是高职院校的学生，自控能力较差、自主学习能力不强，给专业学习效果造成了一定的不利影响。

辩证地来看，我们可以建立教辅组织，促使学生“主动参与、有所督促”，既实现了教学互动，又继续发挥了学生“管出来”的优势。目前在浙江建设职业技术学院班级管理体系中，学工管理体系比较健全、有力，但是学习组织体系比较弱或基本不起作用。因此我们要借助目前完善的学工管理系统，建立完善的学习组织，使班级学习形成组织。具体如图 4-10 所示。

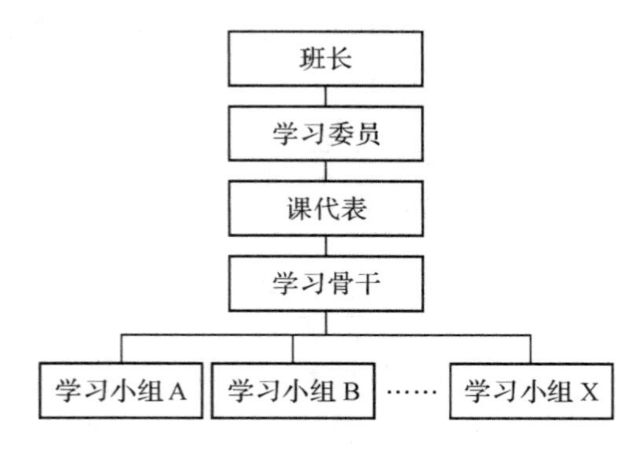

图 4-10　工程监理专业学习组织示意

通过目前强有力的学工管理系统，班长、学习委员、课代表、学习骨干等，根据学生的不同特点，建立学习小组，使学习管理进一步细化、强化，实现互助提升。

教辅学习互助组织的建立，有利于教学实践活动的积极开展，提高学生的参与度，真正实现教学互动，如各组出练习题、各组进行汇报等。根据已经实践的效果，学生参与度非常高。同时要积极借助目前信息化的手段如微信等，效果会更好。

4.3　高职院校“教辅一体、合作学习”的实践——以“工程资料管理”课程为例

工程资料实质上是被用来反映“施工”、“监理”等在整个工程实施过程中的技术和管理及工程实体质量和施工设施、设备的安全、适用和有效的状态。

资料员作为一种建筑业现场管理岗位，它同施工员、安全员、监理员、质检员等岗位共同构成建筑业现场管理岗位群。针对工程资料的实质性分析，资料员的岗位职责具体体现在三个方面：①收集编写工程资料；②为工程管理、质量和安全状态提供证据材料；③完工后将工程资料组卷、归档至档案管理部门。

工程资料管理实务模拟课程立足于建筑业现场管理岗位群通用能力基础之上，对资料员岗位职业能力进行训练；讲述如何科学管理建筑工程实施过程中形成的资料；基本任务是训练学生能依据图纸、规范、施工方案等完成工程资料的收集、编写、核对、组卷和装订工作。

4.3.1 设计理念

4.3.1.1 以"综合职业能力课程观"为基础，分析职业能力体系构架及组成

根据对职业活动的针对性和迁移程度的不同，职业院校的学生能力结构分为三个层次：一般能力、群集职业能力和岗位职业能力。它们之间可以互相迁移，共同构成一个复杂的素质结构，在职业教育中，可将这一综合的素质结构称为综合职业能力。

工程资料管理实务模拟课程是以职业核心能力、岗位群通用能力以及岗位专业能力三个层次相结合的"综合职业能力"作为基点，分析并构建职业能力体系。

在以"建筑业现场管理岗位群(含土建、市政、安装、园林各专业施工员、质量员、资料员、安全员、监理员等)行业通用能力训练基础上，针对资料员工作的岗位能力点——"工程资料管理能力"，实现资料员岗位职业能力训练。

4.3.1.2 以"任务本位导向的能力观"为基础，确定资料员岗位职业能力

任务本位导向的能力观主张以一系列具体、孤立的行为来界定能力。这些行为与完成一项项被细致地分解了的工作任务相联系。资料员工作的岗位核心能力点是"工程资料管理能力"，细化为工程资料收集、编写和

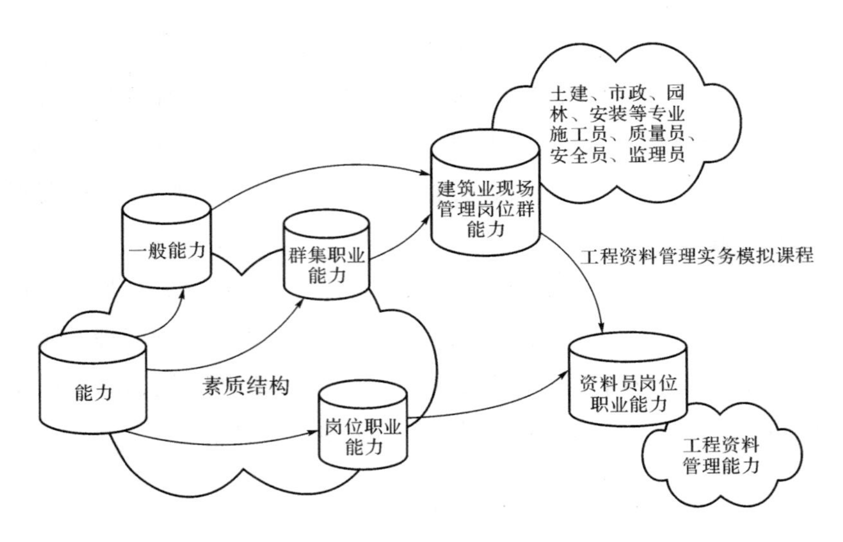

图 4-11　工程资料管理实务模拟课程实施理念

组卷归档三个能力。

(1)资料收集能力:①会选择合适的试验、检测方法,并鉴别其结论;②会鉴别有效的质量证明资料;③能适时收集对应的资料,并将其分类保存。

(2)资料编写能力:①能正确选用对应表式;②能正确完成相关资料表式记录和编写。

(3)工程资料组卷归档能力:①会分类、组卷、编制目录和封面;②会装订、归档。

设置工程资料收集、编写、归档三个基本训练单元实质性响应资料员工作的岗位核心能力——“工程资料管理能力的分析”。

4.3.2　课程学习设计思路

4.3.2.1　设定目标

目标设定是保证小组合作学习有效性的重要环节。要紧紧围绕知识技能、过程方法、情感态度价值观“三维”目标展开。一般情况下,小组可以在教师确定的总体目标前提下根据自身情况和任务细化。

工程资料管理实务模拟课程能力训练的总目标具体体现为能完成工

程资料的收集、编写、核对、组卷、装订。在此基础上,可以将总目标细化为初级、中级、高级三个层次。具体如图 4-12 所示。

工程资料管理实务模拟课程目标
- 高级:实质性响应施工图、标准、规范、方案完成工程资料收集、编写、核对、组卷、装订
- 中级:实质性响应施工图完成工程资料收集、编写、核对、组卷、装订
- 初级:收集、编写、核对、组卷、装订

图 4-12 工程资料管理实务模拟课程目标

4.3.2.2 分配任务

工程资料管理实务模拟课程在“模拟训练”、“顶岗实践”环节,根据资料员工作岗位能力点——“工程资料管理能力”,设置“工程资料的收集、填写、组卷、装订”等典型工作任务为基本训练内容。具体如图 4-13 所示。

工程资料管理实务模拟课程训练内容设计
- 工程资料收集能力训练
- 工程资料编写能力训练
- 工程资料组卷、归档能力训练

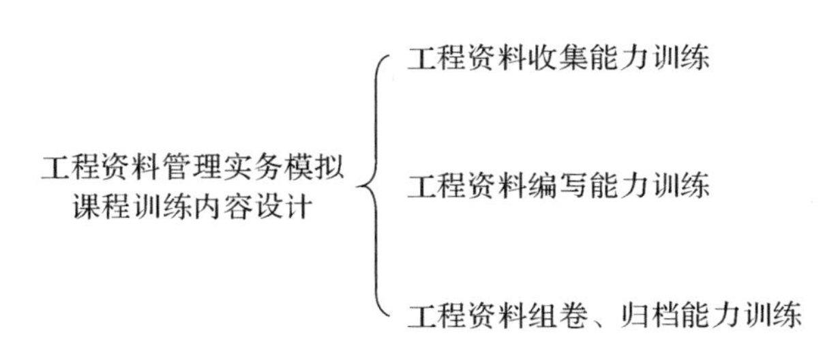

图 4-13 工程资料管理实务模拟课程训练内容设计

4.3.2.3 分组学习

每班分四个训练小组,各小组必选训练内容:施工准备阶段资料,节能分部资料。

各小组分组训练内容:组一:地基基础分部资料;组二:主体结构分部资料;组三:装饰装修分部资料;组四:建筑屋面分部资料。

训练平台:训练施工图纸一套。

每个小组 6~8 人,小组角色及角色任务明确:

召集人:在教师引导下,召集小组进行项目学习和任务分工,鼓励成员积极参与,及时总结。并汇报交流讨论时的“小组自评”和“小组互评”。

记录人:记录小组成员学习项目或讨论项目任务时的情景、发言情况、综合已讨论过的内容以及结论等。

汇报人:主要归纳小组学习训练成果及对在项目学习中提出的、供全班分享的问题,并代表小组进行概括汇报或主持展示。

自由人:随时补充以上角色功能,项目学习结束时组织小组做好原始材料记录的“小组自评”工作。

4.3.2.4 开展活动

(1)训练环境

本课程训练完全以工程实物为背景,设置了四个训练场景,突破校内“仿真模拟”的局限性,是对岗位能力训练的实质性响应。

训练场景一:一般工程各施工工序及对应的资料。以具有代表性工程项目施工过程为模拟背景,列举其施工工序及对应的工程资料内容:一是施工准备工作及对应资料;二是地基与基础、主体结构、装饰装修、屋面工程施工工序及对应资料;三是竣工验收阶段资料。

训练场景二:训练工程项目的建筑图和结构图。

训练场景三:施工依据资料,施工试验和原材料,半成品、成品出厂质量证明书。

训练场景四:训练工程实际填写资料。

(2)训练方法

工程资料管理实务模拟课程是依据行动导向教学法的理念下形成的OTPAE五步训练法(目标任务准备行动评估)来开展本岗位能力训练。具体如图4-14所示。

4.3.2.5 汇报讨论交流

教师要及时让各组汇报、展示合作学习的成果。小组根据任务分配的主要内容结合自己小组的情况汇报,包括小组学习方式、取得的成果、提出的问题及解决策略等。小组汇报时以汇报人汇报为主,集中阐述大家的意见,其他成员协助补充;也可以一个人谈一点,全组参与,形式不限。

汇报交流由小组学习转向全班范围内的集体学习及探索活动。教师一方面以主持人身份出面,以小组为对象,组织学生进行有效表达、倾听、

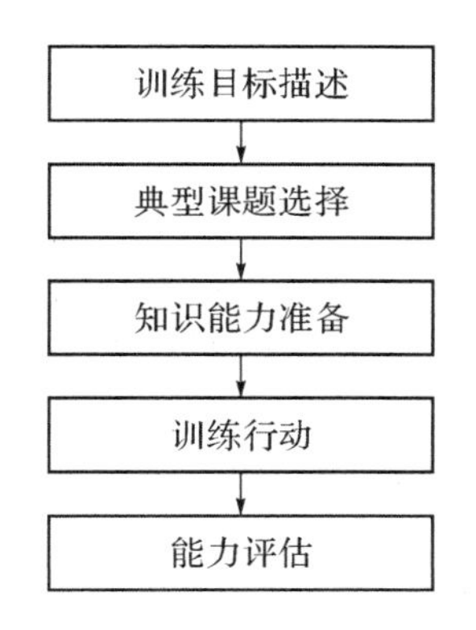

图 4-14 工程资料管理实务模拟课程训练方法设计（OTPAE 五步训练法）

思考、参与讨论、支持、反驳及评价等工作，同时以参与者的身份参与整个汇报交流活动；再允许不同意见者争论、质疑、补充。经过全班交流，对一些理解不透的共性问题、重点问题，教师要发挥主导作用，进行点拨引导，归纳补充，帮助学生。

4.3.2.6 成绩肯定

（1）评估形式

针对实务模拟课程，评估形式采用学生自评、小组评定、教师评定相结合的方式。

（2）评估要点

资料收集能力评估要点：①验收标准中对施工质量支撑材料的要求；②核对根据教材描述的工序而列出的应收集的对应资料名称。

资料编写能力评估要点：①验收规范提到的各类表格及其表达形式是否符合规范；②核对根据教材描述的工序而列出的应收集的对应资料名称；③依据实践工地对照验证，小组讨论以及与指导老师沟通。

资料组卷归档能力评估要点：①对照检查是否符合整理归档规范中对分类、格式、装订、归档的规定；②跟踪实践工地对照验证，小组讨论以及与指导老师沟通。

（3）评估结果

学生成绩评价采用能力评价方式来组织实施，分为合格、中级、高级三个层次。

5 高职工程监理专业“训”的智慧化创建

5.1 高职教育的实训

实训教学作为高等职业教育教学中的关键环节，其功能的发挥将会直接影响高职院校教育教学的质量和人才培养目标的达成。实训教学作为高等职业教育实践教学形式，对创新意识、创新能力、实践动手能力的培养起到关键作用。搞好实训教学工作对提高教学质量，培养高素质人才有着重要作用。

5.1.1 强化实训教学是高职人才培养的必然需求

5.1.1.1 强化实训是实现高职人才培养目标的需要

以服务为宗旨，以就业为导向，走产学研结合的发展道路，培养生产、建设、管理、服务一线的高技能应用型人才是高等职业教育发展的共识。因此，高职学生应具备从事本专业领域实际工作的基本能力和基本技能，具备较快适应生产、建设、管理、服务一线岗位群所需要的实际工作能力。

作为高职教育实践教学环节最重要组成部分的实训教学是培养高技能应用型人才的重要环节，有助于培养学生的职业能力、技术应用开发能力、独立分析和解决问题能力以及创新能力，全面提高学生的综合素质。因此，强化实训教学，不仅是高职教育实践教学的迫切需要，同时也是培养技能人才的必然需求。

5.1.1.2 强化实训是高职理论与实践结合的需要

高职教育的实训教学是学生理论联系实际，加强动手能力训练，提高分析问题和解决问题能力十分关键的实践教学环节。

深化以能力为本位的教学改革，需要更加突出理论联系实践，传授知识与提高技能相结合，围绕培养能力来展开，配合技能来进行，找准实训教学的最佳切入点，把以能力为本位贯穿于实训教学的全过程，全面提高学生的综合技能。

5.1.1.3 强化实训是增强高职教学效果的需要

实训是高职教育实践教学的重要途径，是实施能力本位教学的关键。实训教学能及时吸纳现代科技新技术、新工艺、新信息和社会发展的最新成果，增加工艺性、设计性、综合性实训，从而形成基本实践能力与操作技能、专业技术应用能力与专业技能、综合实践能力与综合技能有机结合的实训教学体系。以满足实践教学和提高学生技能的迫切需要。

5.1.2 高职教育实训的内涵

5.1.2.1 实训

实训是学生基于一定的专业理论知识，在特定的场所有计划地进行的、以锻炼“封闭型的能力”为主的实践训练类型，其直接目的是锻炼学生的技术、技能应用能力。从类型上来讲，是在特定场所下、可控制状态下的学习训练方式；从形式上分，有通用技能实训和专项技能实训；从内容上分，有动手操作技能实训和心智技能实训。

5.1.2.2 实训教学

实训教学是教师在一定的条件下，基于技术应用型专门人才的培养规格的要求，通过一定的教学方式与学生发生相互作用，以学生自主训练为主，以通过培养学生“封闭型能力”而提升“开放型能力”和“综合素养”为最终目的教学活动。

实训教学具有如下内涵：①需要教师有效的指导；②与专业课程、经验相关的实践训练的教学活动；③突出学生的主体性；④其目的是培养学生的职业能力，尤其是智能型实际操作能力，促进学生身心发展。

5.1.2.3　高职教育实训教学

高职教育实训教学是一种以培养学生综合职业能力为主要目标的教学方式，它在高职教育教学过程中相对于理论教学独立存在但又与之相辅相成，主要通过有计划地组织学生通过观察、实验、操作、实习等教学环节巩固和深化与专业培养目标相关的理论知识和专业知识，掌握从事本专业领域实际工作的基本能力、基本技能，培养解决实际问题的能力和创新能力。

实训教学之所以能在高职教育中占据重要地位，不仅在于实训教学本身能有效地实现高职教育的培养目标，还在于实训教学背后蕴藏着一种教育理念，也就是理论知识和实用价值并非绝对对立，而是相互促进的，理论通常要通过实训加以体现、证明并延伸。有人将高职教育理论教学之外的所有教学环节都划归到实训教学的范畴，这无疑是将实训性教学与旨在培养学生职业能力的实训教学相混同了。

5.1.3　高职教育实训教学的特征

5.1.3.1　目标分层

从人才培养目标来讲，培养“技能型人才”、“技术应用型人才”的职业教育反映在实训教学中则需遵循技能、技术的形成规律；从封闭型能力来讲，实训教学并非只承担“技能”教学，还承担着“能力”培养与素质养成。

5.1.3.2　主体参与

“封闭型能力”的形成到“开放型能力”的提升等都是分层次的、有顺序的；从教学目标上说，实训教学更突出学生的“学”，强调“学”而非“教”。学习者与指导者共同制定学习目标，在学习目标的指引下，学生进行自我管理和调控。实训教学更强调输出，重视学习者在工作实践中的活动，并认为知识是通过经验的转换而创造的结果，通过深思熟虑的反思和分析过程使那些潜移默化的知识清晰化。

5.1.3.3 内容融合

理论知识与实践知识，是职业教育课程中的两类基本知识。理论知识与实践知识之间必然存在着逻辑纽带，将理论知识与实践知识割裂开来的做法经过实践检验是错误的。徐国庆在《职业教育课程论》一书中指出，可以通过工作任务开发课程，同时指出实践性问题只是衔接的策略之一，不同专业、课程会有不同的衔接策略。实践知识与理论知识的衔接是课程开发的重要问题，作为知识的载体的课程应融合理论知识与实践知识，教师组织教材和教学时也应注重知识的融合，帮助学生获得实践技能和实践知识。

5.1.3.4 方式实践

实践教学的目的是学生实践技能与能力的获得，与传统课堂教学以讲授法为主要的教学方法相区别，我们要发挥学生的积极性，突出学生的主体地位，实训教学的特殊性决定了实践教学明显带有实践性的特点。

5.1.4 高职教育的实训现状调研

5.1.4.1 实训教学目标

以就业为导向的教学将以市场需求为导向培养人，以学生素质发展为导向的教学则注重理论学习与实践训练并重。但是，我们在职业教育办学过程中，对职业教育的规律认识还需深化。要么将职业教育办成普通教育的翻版或压缩，追求知识的系统性与完整性；要么将职业教育等同于技工训练，追求操作性与实用性。

如图 5-1 所示，能明确认知实训教学目标的学生比例并不高，这表明部分高职实训教学活动并未有清晰的教学目标。如图 5-2 所示，表明高职实训教学的效果是单维性、低效的，无法体现高职实训的融合性，一定程度上反映了目标设计的不合理性。

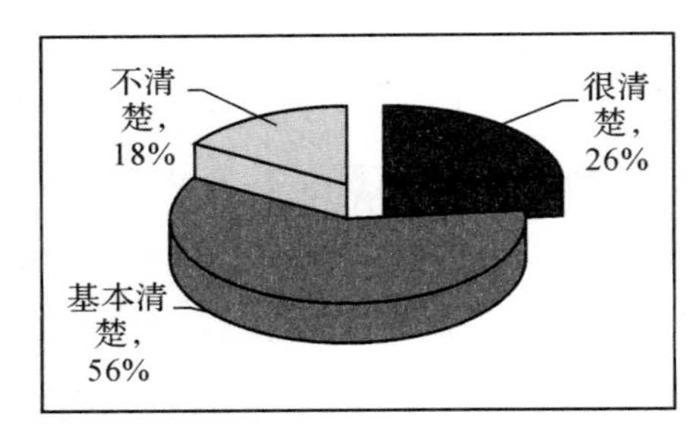

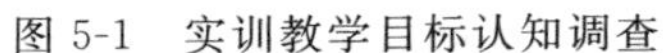
图 5-1　实训教学目标认知调查

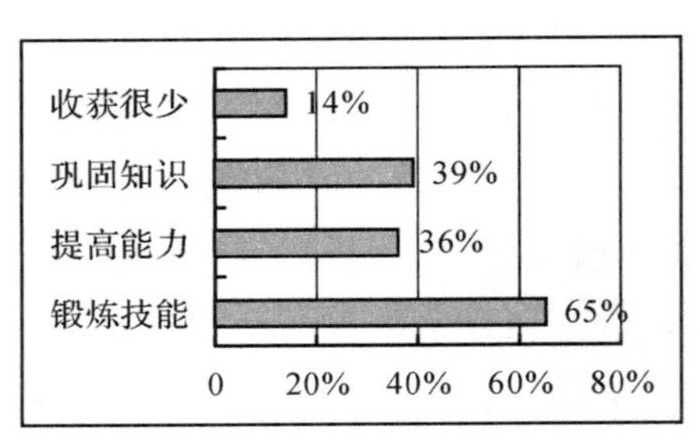

图 5-2　实训教学效果调查

5.1.4.2　实训教学内容

实训教学的内容应满足岗位需求，这也是职业教育教学内容与普通教育相对固化的教学内容的区别所在。职业教育教学内容必须与市场需求接轨，随市场需求变化而变化。如图 5-3 所示，实训教学内容在其前沿性上略显不足。

实训教学内容与专业教学内容不可相互替代，应相互融合。如图 5-4 所示，经调查发现，专业课内容与实训教学内容的融合中存在诸多亟待完善之处。

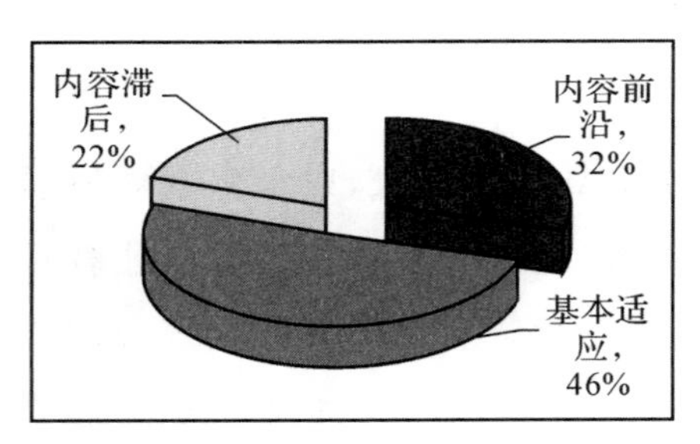

图 5-3　实训内容社会适应性调查

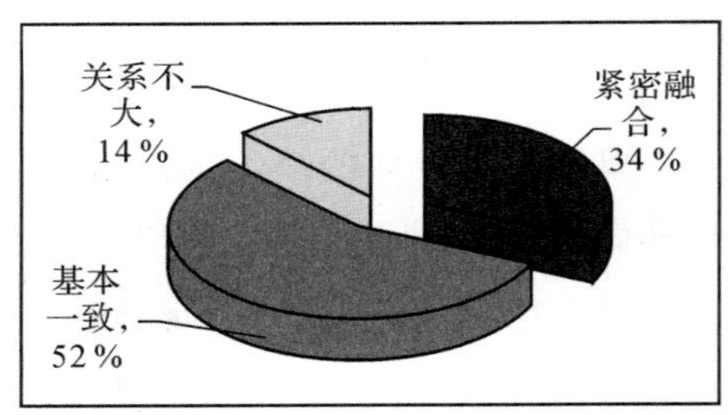

图 5-4　理论课与实训课融合情况调查

5.1.4.3　实训教学过程

现代教学在目标上的多样性与个性化、在内容上的丰富性和选择性，则显然要求有一种自主探究（发现）的、强调合作和亲身体验的、生动活泼的学习进程和方式。

如图 5-5、图 5-6 所示，目前实训课的教学过程以传统的先讲授、后练习的教学组织安排为主；学生喜欢的训练方式选择“角色扮演仿真模拟”、“边讲边练”的教学组织安排最多，当前的实训教学过程组织安排与学生喜欢的教学组织安排出现矛盾。

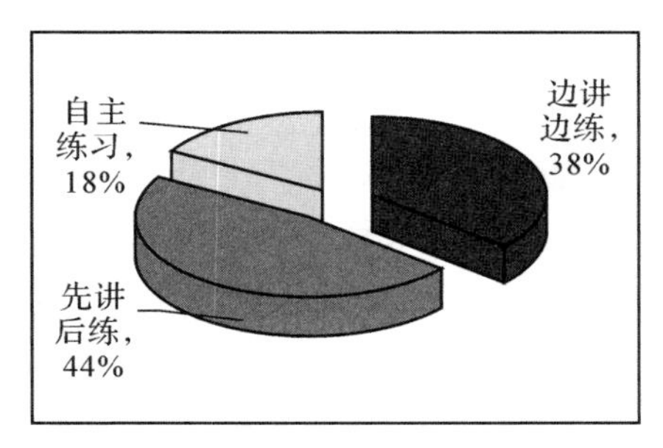

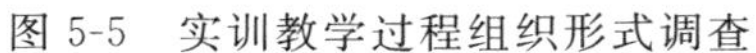

图 5-5 实训教学过程组织形式调查

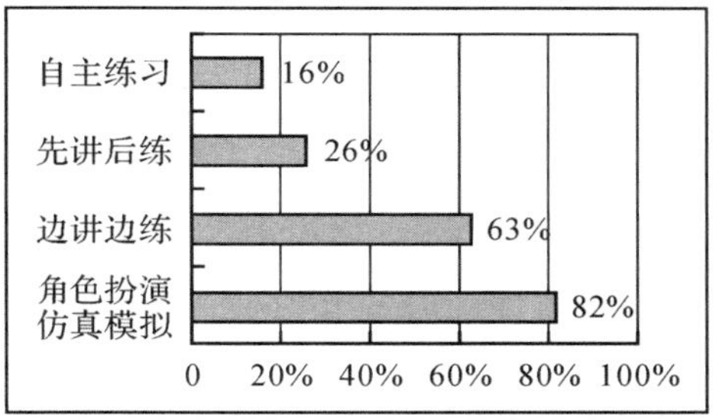

图 5-6 学生喜欢的实训教学组织形式

5.1.4.4 实训教学评价

传统意义上以甄别选拔为主要目的的学生评价方式与高职教育具有不相适应性;偏离了促进学生的学习和发展,激励学生全面发展、自我完善的目的。如图 5-7 所示,高职实训教学的评价方式不够灵活,文本评定、操作评定是进行评价的主要方式。如图 5-8 所示,高职实训教学的评价不够关注不同学生个性的差异性,缺乏针对不同学生个体发展、变化、成长过程中的动态评价,较关注学生个体表现等结果性评价。

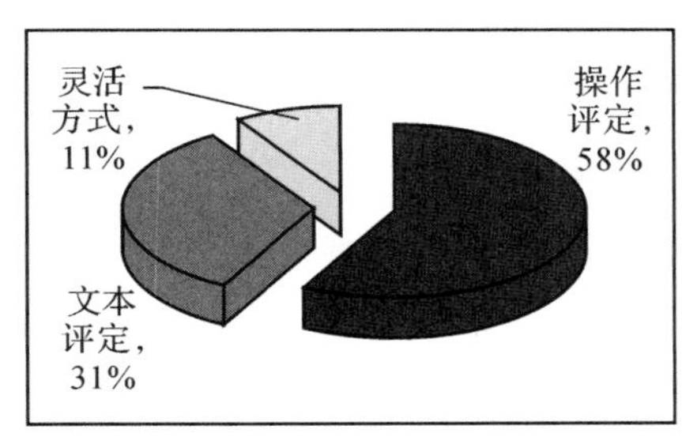

图 5-7 实训评价形式调查

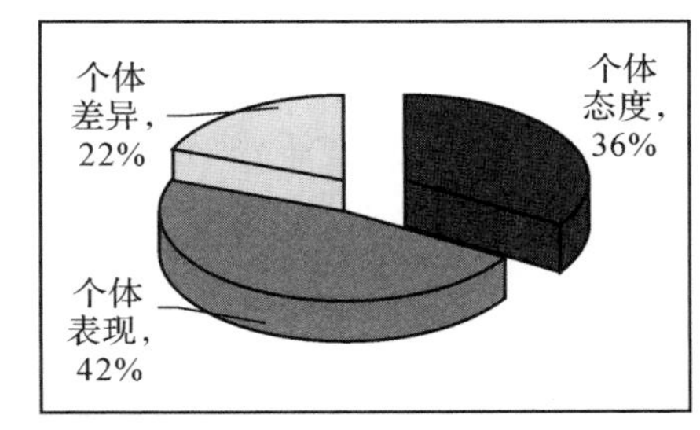

图 5-8 学生评价中涉及个体差异的方面

5.2 岗位导向、学做合一,创建智慧实训

5.2.1 高职“岗位导向、学做合一”的理论依据

5.2.1.1 “从做中学”理论

美国著名哲学家、教育家约翰·杜威(John Dewey)的实用主义教育

思想体系在许多国家产生了深远影响。其教育思想的三个核心命题是“教育即生活、教育即生长、教育即经验的改造”。

“从做中学”理论是其实用主义教育思想的基本原则，来自于他知行合一的哲学观：一是知识来源于行动，知行不能分；二是知识与经验的获得来自主体与客体相互作用的结果，是有意识的联系。杜威认为，“从做中学”也就是“从活动中学”、“从经验中学”，主要是针对传统教学的“书本中心”而提出来的。杜威认为“在做事里面求学问”比“专靠听来的学问好得多”。“从做中学”主张从经验中积累知识、从实际操作中学习，要求学生亲自接触具体的事物，通过思考从感性认识上升到理性知识，最后解决问题。

他提出“从做中学”的积极意义具体包括：其一，在课程活动中要重视学生的兴趣与需要；其二，坚持探究性的活动课程形式，主张学生自己动手；其三，实践符合社会需要，学习在生活中进行。从当代所提倡的培养创新人才、重视学生自己对知识的建构、在真实的情境中学习更有利于学习的迁移等教育教学观，以及教育要培养符合社会需要的人才这些意义上来看，杜威“从做中学”的教育思想有非常积极的价值。

5.2.1.2 “从做中学”理论的高职教育应用

“从做中学”的教学模式对学生操作能力的培养、探究和解决问题能力的培养以及适应实际工作能力的培养具有显著的优势，适合于强实践、重操作的高职教育，并已成为当前我国高职院校教学改革的主流。“从做中学”教学是包括实习、实训等在内的一系列有目的、有计划、有组织的教学活动，是培养学生“做事”和“做成事”能力为核心内容的具体体现，是培养学生实践技能和立足职业的关键。

国内一些高职教育研究学者也对“从做中学”在高职中的应用进行了一些有益的探索。姬波认为要搞清“做”与“学”的辩证关系，“做”为“学”服务，不能舍本逐末，为“做”而“做”。严雪怡认为在职业教育中，主要实行“从做中学”；在技术教育中，既要实行“从做中学”，又要实行“从学中做”，既要有项目课程，又要有学科课程。肖渊认为高职教育应以实践教学为中心，教师在教学中应学会在“做中教”，努力达到“教学做合一”。李庆芝认为职业教育应调整课程的排序，倡导教师从做中教，学生从做中学；加强直观和现场教学，积极推进项目教学和模块教学。

总之，“从做中学”是实现高职教育人才培养目标的重要途径和手段，在实施“从做中学”教学时，必须充分考虑高职教育的专业特点、教学内容、现有教学条件和师生情况，不断深化“从做中学”的教学模式，提升高职教育的特色和水平。

5.2.2 高职院校“岗位导向、学做合一”实施现状

当前我国高职院校实施“从做中学”的实践教学形式，一般分为校内模拟实训和校外顶岗实习两种基本形式。

5.2.2.1 校内模拟片面强调简单动手实践

在校内模拟实训的“从做中学”中，学生只关注技能学习而忽视技能与专业知识的融合。这种“从做中学”的教学过程削减甚至取消了必要的理论知识，学生只能从动手实践中获得隐性知识，只知其然而不知其所以然。学生“做”的过程又过分强调基于岗位工作过程的操作练习，即只注重简单技能的反复训练，忽视高职学生综合能力和创新意识的培养。

5.2.2.2 校外顶岗重复简单技能训练

校外顶岗实习的“从做中学”，一般是在高职学生最后一年采取的“工学结合”的教学模式。但校外顶岗实习的“工学结合”，容易将“工”简单地等同于一般意义上的工作，使得高职院校往往采取“放羊式”的管理模式，将学生校外一年时间的教学、管理全部委托给企业。但企业不是教学单位，不可能制订系统的顶岗实习计划，也无法给予学生有效的实践指导。“放羊式”的顶岗实习，其实质是把学生作为廉价的劳动力，从事简单技能的重复顶岗训练，这种单一的“从做中学”达不到高职院校教学的目的和要求。

5.2.3 高职院校实施“学做合一”、“智慧训练”的关键

5.2.3.1 为“学”知识技能而“做”

高职院校“学做合一”的核心是“做”，“做”是学生获取职业技能和实际操作能力的根本途径。让学生在实际操作中“学”，从亲身体验中“学”，

为解决问题而“学”。

在“学做合一”实施过程中，教师不但要“教”学生如何做，还要告诉学生“做”的理论依据，以及理论依据出处，让学生意识到专业知识对实践操作具有指导作用；随着学生知识的积累，再要求学生去搜集、查找相关知识及出处，以指导自己的实践操作，让学生在学会实践操作技能的同时，掌握和巩固专业知识。学生通过“做”，发现自己在实践中的不足，激发学习的主动性，不仅可以学到本专业相关的技能和知识，而且可以加深对知识的理解，进而巩固所学的知识。因此，高职院校“学做合一”是手脑并用的学习过程，是学生在教师的指导下，在“做”的过程中同时获得技能和知识。

5.2.3.2　为提高综合运用能力而“做”

高职教育人才培养目标是高技能人才，不但要求学生具有熟练的技能，尤为强调技能的综合运用和创新能力。“学做合一”的优势在于能通过对技术、工艺的应用和再现，实现技术创新。因此，高职院校“学做合一”的教学内容安排要体现层次性、应用性与综合性，以学生能力培养为本位，既要考虑单一技能和知识的掌握，更要考虑实际工作所需要的综合运用能力的培养。

依托专业课程的综合训练项目和毕业实践训练等“学做合一”的形式，将教师的开发项目应用于实践教学活动之中，学生围绕真实项目存在的问题进行分析，并提出解决办法，培养利用所学知识分析问题和解决问题的综合运用能力。同时，要考虑学生的个体差异性，安排不同难度的教学内容，以实现个性的发展。

5.2.3.3　为提升学生职业素养而“做”

高职院校“学做合一”的智慧训练模式是在实训室、研发平台和顶岗现场进行的。因此，根据职业岗位能力的要求，设计环环相扣的校内实训、校外实习和顶岗实习系统，尤为必要。

依托“学做合一”平台，实现师生互动和学生动手实践，让学生在亲自参加工程实践中学会学习、学会关心、学会合作、学会创造；通过学生之间的互做互学，互相交流、彼此争论、激发学生求知和探究的欲望，培养学生树立正确的世界观和人生观，强化学生的责任心、合作精神和竞争意识。

5.2.4 高职院校“学做合一”、“智慧训练”的实施

5.2.4.1 智慧设计系统的“学做合一”实训体系

作为高职院校的专业教学应侧重于岗位职业能力的训练。不知不觉中,我们逐渐迷失自己的优势。职业能力训练项目出现了两个极端:一是与真正的实践脱节,凭空想象训练项目,不接地气;二是依据岗位的现实情况不做任何提炼、分析、加工,照搬照抄。因此,有必要系统设计“学做合一”的实训体系。

第一层次:单一技能的“从做中学”。将专业课程的各个技能点,通过边做边学的方式来完成。各专业课程的单一技能的训练最好安排在校内完成,其最佳形式是将技能训练与专业知识学习结合起来。

第二层次:综合项目的“从做中学”。每门专业课程结束前,要设计一个综合性的实训项目,该项目要把课程的技能点、知识点串联起来,即“连点成线”,通过“从做中学”的教学形式,完成综合项目训练。教师要把企业的真实项目经过教学化改造以后,以任务驱动的形式,让学生去练习,在“从做中学”的过程中,既巩固技能点和知识点,又提高综合运用的能力。

第三层次:实践应用的“从做中学”。目前,高职学生毕业实践多为顶岗实习,依托顶岗实习,高职学生综合运用了所学专业知识,实现了就业岗位的无缝对接。把该专业的主要课程的技能技术和知识连接起来,实现知识和技能技术“连线成面”的效果,对培养学生的创新意识、创新能力具有明显的实效性。同时,也将“从做中学”的教学模式改革提高到了一个新的高度,体现出高职教育的高等性。具体如图 5-9 所示。

5.2.4.2 智慧建设完善的“学做合一”实训条件

按照为学习技能和知识而“做”的教学模式改革的要求,高职院校要建立与实践教学体系相配套的实训基地,实训基地既有实训室功能又有教室功能。要根据不同专业课程的特点,建立与之相配套的“实训室与教室合一”的实训基地。实训基地的设备配置必须体现生产性、先进性和教学性,要源于生产又高于生产,因为它要具有教学功能。

按照图 5-9 高职教育实践训练体系的设计思路,实训基地建设将环

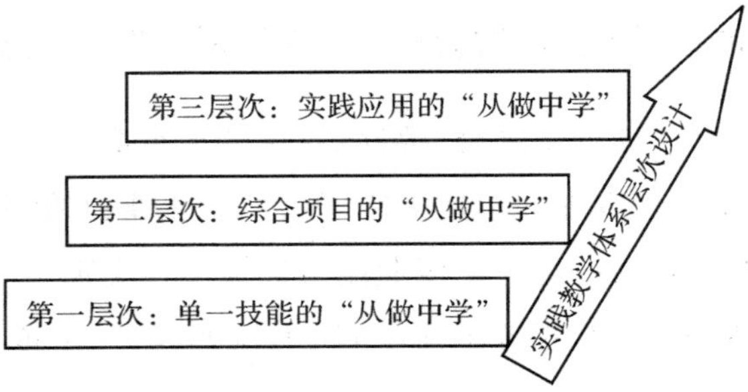

第三层次：实践应用的“从做中学”
第二层次：综合项目的“从做中学”
第一层次：单一技能的“从做中学”
实践教学体系层次设计

图 5-9　高职教育实践训练体系设计示意

环相扣、层层递进，以“直观展示技能技术训练和技术服务及创新”为训练基地单元的建设思路。直观展示主要以实物给学生展示专业学生难以想象又比较重要的内容。如建筑结构体系、节点构造、建筑材料等。技能训练主要训练学生单项专业技能，如工程制图、测量放线、材料检测、资料编制等，每个单项训练又包含多个子项目的训练内容。技术训练主要训练学生综合技术能力，以真实工程项目为载体，考虑学生分组及角色分工需要，如施工管理综合训练、质量安全管理训练、工程资料管理训练等。技术应用及创新训练主要是将学校企业如结构实验室、检测公司、节能技术中心等同学校教学、学生训练结合起来，实现应用和创新。具体如图 5-10 所示。

第四层次：技术应用及创新训练
第三层次：技术训练
第二层次：技能训练
第一层次：直观展示
实训基地建设层次设计

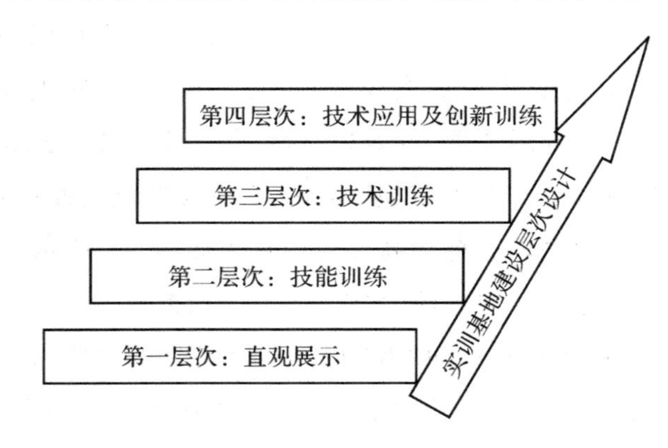

图 5-10　高职教育实训基地体系建设示意

5.2.4.3　智慧培养能适应“学做合一”模式的实训师资

为适应“学做合一”实训模式的要求，高职院校要有一支适应“从做中学、从做中教”教学模式的“双师”型教师队伍，才能有效提高学生的实践能力、动手能力，从而有力地提升教学质量。就要求教师不仅要熟悉理论教学，更要熟练操作技能，不断提升实践水平和“从做中教”的能力。

针对目前高职院校教师实践应用能力普遍缺失的现状，建立教师定期下企业锻炼的制度，以研发项目为载体，教师通过参与企业技术创新、生产技术革新、成果咨询和管理等一系列活动，锻炼教师的实际工作能力，提高教师的技术应用能力。同时要发挥学校研发平台负责人的带头作用和研发团队的互助作用，学校要出台鼓励教师从事技术研发服务的政策，调动教师参与研发工作的积极性，使教师在研发团队中不断提高自身的应用和创新能力。

5.3 工程监理专业岗位导向、学做合一、智慧训练实践

就工程监理专业而言，我们既要立足于优秀监理员的核心职业岗位能力点，又要着眼于学生中长期职业发展规划的能力需求来设置训练课程；既要符合循序渐进的教育规律，又要体现专业人才能力培养的基本路径。

5.3.1 高职工程监理专业学生综合职业能力分析

5.3.1.1 高职学生的综合职业能力

高职学生综合职业能力是职业角色从事一定岗位工作所需的个体能力，它由知识、理解力和技能诸要素构成，彼此之间相互联系，作为一个有机整体共同起作用。综合职业能力的培养是高职教育的重要特色，包括专业能力和通用能力。

专业能力是指掌握一定的专业知识，并运用专业知识熟练操作该专业各种产品生产工艺的能力。主要是通过学习某个专业的知识、技能、行为方式等而获得的，是从业者职业活动得以进行的基本条件。通用能力包括方法能力和社会能力，方法能力是指从事工作所需要的方法和学习方法，如人们在工作中自我学习能力、解决问题能力和创新能力，还包括

逻辑推理能力、分析归纳能力等;社会能力是人们对从事执业活动所需要的行动能力,包括与人交流、与人合作能力,社会责任感、自信心、包容心、诚信度、乐于助人、批评与自我批评的能力。

专业能力是综合职业能力体系建设的重点和基础,专业能力不能代替职业能力,没有专业能力,综合职业能力就是一句空话;通用能力是综合职业能力的重要组成部分,缺少通用能力,职业能力就不完善,专业能力也不能很好地发展。对不同专业的高职生而言,就通用能力来说,各专业的方法能力和社会能力基本上是相似的。但在专业能力的要求上存在着差异,专业不同,要求也就不同。

5.3.1.2 工程监理专业学生的综合职业能力

(1)专业能力

工程监理专业的学生毕业后大部分工作在施工一线,需要有扎实的专业知识,其所需的专业能力具体如图 5-11 所示。

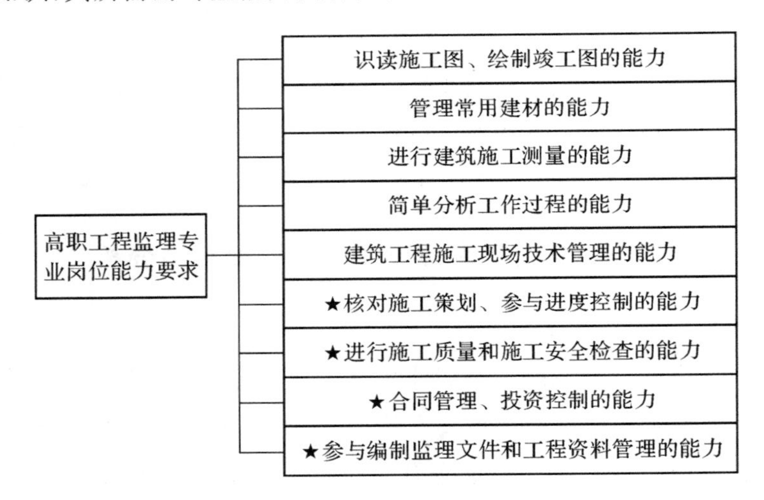

图 5-11 高职工程监理专业岗位能力示意

(注:“★”为核心能力)

①具备识读施工图、绘制竣工图的能力:会阅读土建安装施工图,能准确理解土建图,会绘制土建专业竣工图。

②具备管理常用建材的能力:能选购、检查、验收、保管施工现场常用建筑材料。

③具备进行建筑施工测量的能力：会进行定位放样（建筑定位、轴线标高引测、建筑和结构构件放样），能进行建筑变形监测（场地、基坑、建筑物）、会进行地形和竣工总图的测绘。

④具备简单分析工作过程的能力：会进行1～2个土建主要工种的基本操作，并能进行施工工艺分解。

⑤具有建筑工程施工现场技术管理的能力：能依据有关技术规范、规程和规定，分析解决一般施工技术问题。

⑥具备核对施工策划、参与进度控制的能力：能按工程质量、安全、进度、环保和职业健康要求参与编制施工组织设计、施工方案；能对建筑工程施工的计划、组织、方案和实施进行法规、标准、设计、合同方面的符合性核对，做出初步评价，提出相应的施工要求；能参与进度控制。

⑦具备对建筑工程进行施工质量和施工安全检查的能力。

⑧具备合同管理、投资控制的能力：按照合同、招标文件等依据，能进行工程量、进度款支付符合性核对，会收集索赔和反索赔、合同履约、变更的事实证据和依据材料、采集相关计量和计价的数据。

⑨具备参与编制监理文件和工程资料管理的能力：能参与编制规划、细则和各类报告等，会编写监理日记、旁站记录、见证取样记录、质量安全检查记录、会议纪要等日常记录等文件，能编制收集、整理检索、组卷归档工程技术资料的能力。

（2）通用能力

工程监理专业的学生主要岗位为监理员，主要工作在工程现场，每天都要与各方建设主体单位人员以及劳务队的人员打交道，不仅需要有扎实的专业知识，更要有良好的协调能力、团队精神和良好的吃苦耐劳和顽强拼搏的精神。

高职工程监理专业的学生具备的通用能力应包括学习新的专业知识和专业技能的能力，拓展专业领域的能力，适应岗位变化的能力，终身学习的能力，口头表达、感情沟通的能力，人际协调、团队合作的能力，自我身心协调的能力等。

5.3.2 工程监理专业“岗位导向、学做合一”的“智慧实训”体系

5.3.2.1 工程监理专业“智慧实训”课程体系

高职教育的根本任务是适应社会需要，培养高等技术应用型专门人才。这需要我们以培养技术应用能力为主线，设计学生知识、能力、素质结构的培养方案。我们在进行行业、企业调研基础上，对工程监理专业能力培养课程进行了重新定位认识，并进行合理分类。训练课程可分为“一般实践训练课程”和“综合实践训练课程”(见图 5-12)。其中“一般实践训练课程”也应区别对待，一是为“理论应用”训练用的，如认知实习、生产实习、试验、课程设计等应与理论课程结合；二是为具备“岗位操作”技能用的，如“分户验收”、“质量检查”、“资料管理”、“看图”、“量测”等模拟训练。“综合实践训练课程”应能起到引导、统领应用、实操等作用，如始业教育、顶岗实习等。图 5-13 为工程监理专业实务模拟课程设置。

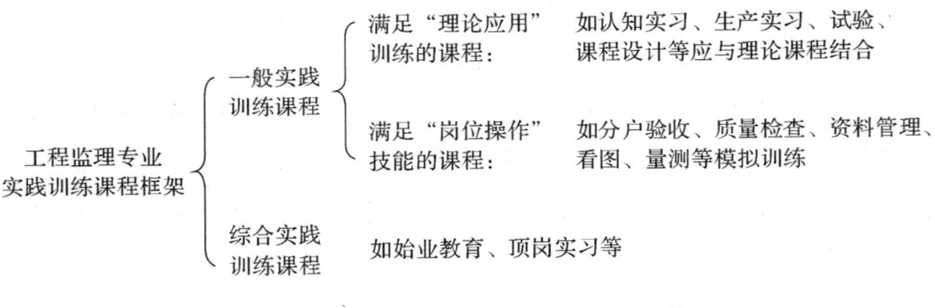

图 5-12 工程监理专业实践训练课程框架体系

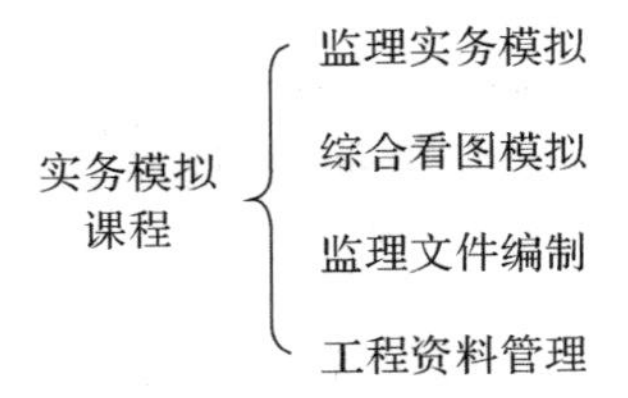

图 5-13 工程监理专业实务模拟课程设置示意

按照专业设置与产业需求对接、课程内容与职业标准对接、教学过程与生产过程对接为原则，结合《高等职业教育教育基本要求(工程监理专

业）》、《建设工程监理规范》、《建筑与市政工程施工现场专业人员职业标准》，分析归纳专业各就业岗位（群）的典型工作任务和完成该任务所需要的职业技能，并确定与之对应的主要支撑课程。详见表5-1。

表5-1 主要岗位典型任务、职业能力和课程之间映射关系

岗位	典型工作任务 （行动领域）	职业能力	课程支撑 （学习领域）	职业资格证书
监理员	1.阅读土建施工图，参与图纸会审，绘制竣工图 2.参与施工组织策划（①施工组织设计；②施工方案；③管理制度；④审核） 3.施工技术管理（①图审；②交底；③测量放线；④技术复核实施；⑤审查 4.质量控制与安全监理（①质量与安全管理机构、管理制度和标准、教育和交底；②管理计划的制订；③对原材料和设备、工艺过程、节点等实体质量管理的实施；④机具、防护设施等的设置、维护和安全生产行为等管理计划的实施；⑤对质量安全实施情况的检验、纠偏；⑥总结分析；⑦制度标准化巩固完善的实施；⑧检验） 5.施工进度（①进度和资源需求计划和调整；②资源平衡计算、成本；③计量；④计价控制） 6.工程信息资料管理 7.合同执行的跟踪和投资控制 8.参与监理规划、细则、方案、报告、会议纪要等监理文件的编制	会阅读土建安装施工图，能准确理解土建图，会绘制土建专业竣工图（1、3—①） ★能参与施工策划，能对施工方案进行审核和结构验算，对计划、组织、制度和实施进行审查和评价，并提出施工要求（2），能进行进度控制（5） 能依据有关技术规范规程规定，分析解决一般施工技术问题（审核意见3—⑤或技术交底3—②）。会进行1～2个土建主要工种的基本操作，并能进行施工工艺分解（4—③） 会进行定位放样（建筑定位、轴线标高引测、建筑和结构构件放样），能进行建筑变形监测（场地、基坑、建筑物）、会进行地形和竣工总图的测绘、成果复核（3—③④） 能选购、见证取样和检验、保管施工现场常用的建筑材料（4—③） ★具备对建筑工程施工进行质量控制和安全监理的能力（4） ★能按照合同、招标文件、商务标等进行工程量、进度款支付的审核，会收集索赔和反索赔、合同履约，变更计量和计价的数据采集和审核（5—③④、7） ★能参与监理文件的编制，能收集编制、整理检索和组卷归档工程资料（6、8）	《建筑构造与识图》（1、3—①） 《建筑工程测量》（3—③④） 《建筑材料》（4—③） 《工艺感知实践》（4—③） 《建筑力学》《建筑结构》《地基与基础》（1、3—①、2—②④） 《建筑施工技术》（1、2—②④、3—②、4—③④⑤） ★《建筑施工组织与进度控制》（2—①②③、5—①②） 《工程计价》（5—③④） 《质量安全检查实践》（4—⑤） ★《监理职业理论与法规》（2—④、3—⑤、4—⑧、7、8、） ★《建筑工程质量控制与安全管理》（4） ★《建筑工程投资控制与合同管理》（7、5—③④） 《施工图校审实务模拟》（1、3—①） 《施工策划审核实务模拟》（2） 《工程资料管理实务模拟》（6） 《合同管理和投资控制实务模拟》（5—③④、7） 《监理规划、细则编制实务模拟》（8）	1.制图员（初级）等级证书 2.测量放线工（中级）等级证书 3.钢筋工、木工、砌筑工、抹灰工中级等级证书之一 4.监理员岗位证书 5.施工员、质量员、资料员岗位证书之一 6.推荐ISO内审员

注："职业能力"和"课程支撑"中括号内的编号是指"典型工作任务"的编号。

5.3.2.2 工程监理专业“智慧实训”环境建设

实训室作为高职院校人才培养的实践基地，承担着培养学生自主性和研究性学习能力、创新意识、工程素质、创新能力的重要任务。按照为学习技能和知识而“做”的教学模式改革的要求，要建立与实践教学体系相配套的校内和校外实训基地。浙江建设职业技术学院工程监理专业建成四大类 15 个实验实训室，作为校内实训基地，具体如表 5-2 所示。另外，校外实训基地将在校企“智慧合作”章节中探讨。同时，我们还需要依托现有校园网络信息化环境，充分利用先进的感知、协同、控制等前沿技术，对工程监理专业的实训室进行智慧化的整合和优化，为工程监理专业学生开展训练提供细微的、贴切的、立体的、能够感受到的智能服务。具体如图 5-14 所示。

表 5-2 “智慧实训”校内建设一览

序号	训练场所	数量	训练目的
1	“工艺感知类”综合实训室	1 个	进行“钢筋工、模板工、砌筑工、抹灰工、砼工”等工艺感知训练
2	“认识类”观摩实训室	3 个	进行“建筑构造”、“结构构造”、“施工现场”认识观摩和教学讲解
4	“试验类”实验室	4 个	进行“材料试验”、“土工试验”、“实体检测”、“反求实验(设想)”
4	“技术实操类”模拟实训室	7 个	进行“测量放线”、“质量检查”、“安全检查”、“分户验收”、“资料管理、样品制作”、“采购询价、协调、会议”、“内业管理”等模拟训练

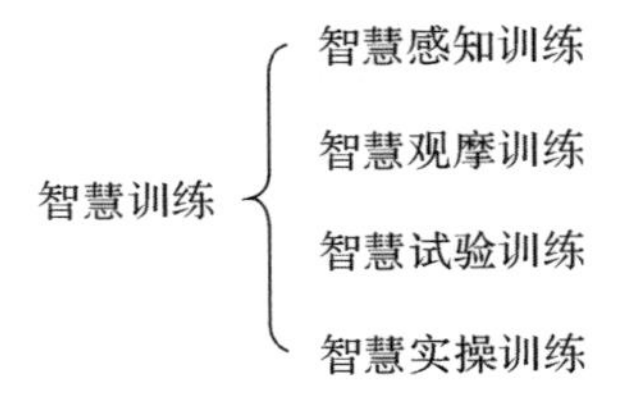

图 5-14 工程监理专业智慧训练创建框架

(1)智慧感知训练：以工程监理专业现有实训室为基础，依托物联网技术及智慧化设备，进行“钢筋工、模板工、砌筑工、抹灰工、砼工”等工艺感知训练；

（2）智慧观摩训练：以工程监理专业现有实训室为基础，依托物联网技术及智慧化设备，进行“建筑构造”、“结构构造”、“施工现场”认识观摩和教学讲解；

（3）智慧试验训练：以工程监理专业现有试验室为基础，依托现有校园网络信息化环境，充分利用先进感知、协同、控制等前沿技术，建立开放、创新、协作、智能的综合试验信息服务平台，进行“材料试验”、“土工试验”、“实体检测”、“反求实验（设想）”；

（4）智慧实操训练：以“训练室＋智慧化设备＋信息化环境”获得互动、共享、协作的实操训练环境，进行“测量放线”、“质量检查”、“安全检查”、“分户验收”、“资料管理、样品制作”、“采购询价、协调、会议”、“内业管理”等模拟训练用，实现教育信息资源的有效采集、分析、应用和服务。

校内实训基地建设如图5-15所示。

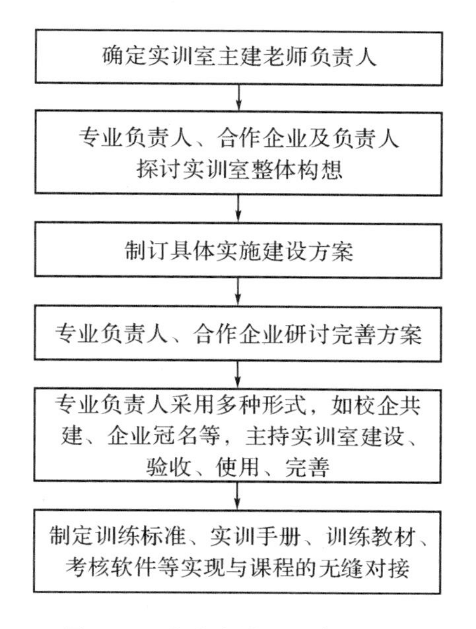

图5-15 校内实训基地建设示意

5.3.2.3 工程监理专业“智慧实训”师资建设

师资队伍建设主要分为专任教师建设、兼职教师建设、指导师傅建设

（如图 5-16 至图 5-18 所示）。专任教师是专业教学实施的骨干；既精通工程技术、又会教学的兼职教师队伍是专业建设的关键；指导师傅是专业教学工作的有益补充和企业岗位操作的典范和引领。

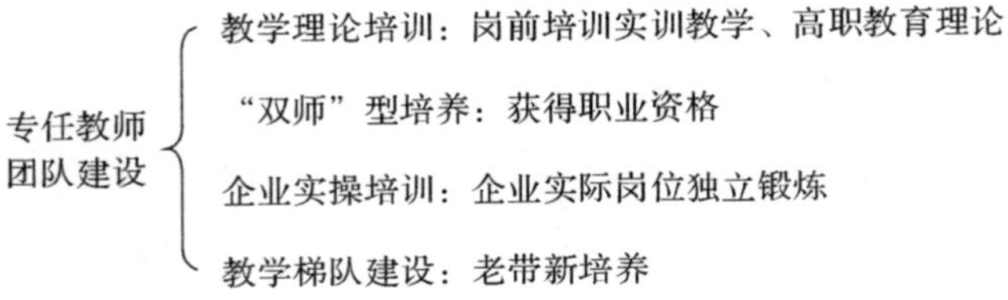

专任教师团队建设
- 教学理论培训：岗前培训实训教学、高职教育理论
- “双师”型培养：获得职业资格
- 企业实操培训：企业实际岗位独立锻炼
- 教学梯队建设：老带新培养

图 5-16　专任教师团队建设示意

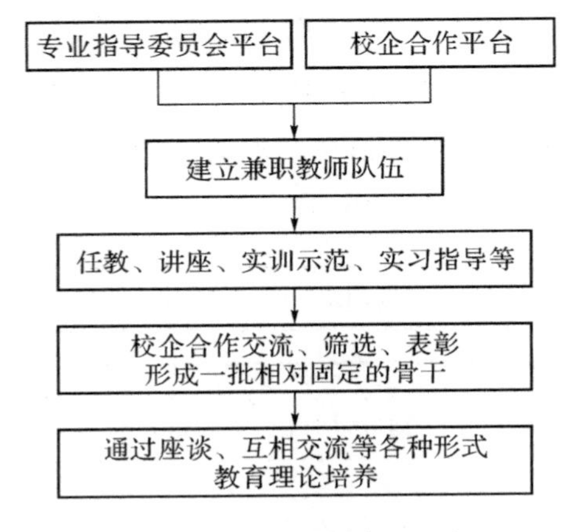

图 5-17　兼职教师建设示意

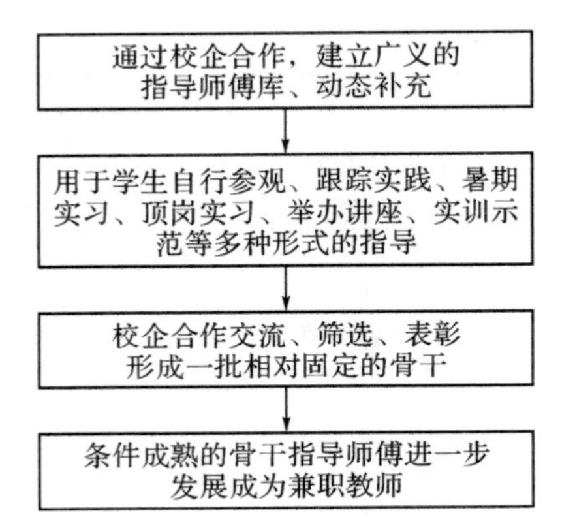

图 5-18　指导师傅建设示意

6 高职院校"校企合作"的智慧化创建

6.1 高职教育校企合作现状

"工学结合、校企合作"已成为我国高职教育改革与发展的趋势，也是提高教育教学质量的重要途径，是完善办学体制机制的重要措施。教育部、财政部关于进一步推进"国家示范性高等职业院校建设计划"实施工作的通知中指出，推进合作办学、合作育人、合作就业、合作发展，形成人才共育、过程共管、成果共享、责任共担的紧密型合作办学体制机制。《国家高等职业教育发展规划(2010—2015 年)》中指出，要构建校企共同育人的人才培养模式，强化职业道德和职业精神培养，促进学生知识、技能、职业素养协调发展；将行业、企业、职业等要素融入校园文化，促进校园文化建设与人才培养的有机结合。

6.1.1 校企合作的内涵

校企合作最早产生于 19 世纪 80 年代的德国，20 世纪中叶开始盛行于欧美等国家。国外高等职业教育的校企合作模式主要呈现三大类型：一是以企业为主的校企合作模式，其代表是德国的“双元制”、英国的“工读交替”和日本的“产学合作”;二是以学校为主的校企合作模式,其代表是美国的“合作教育”;三是以行业为主的校企合作模式,其代表是澳大利亚的“TAFE”模式。

2001年世界合作教育协会将校企合作定义为:将课堂上的学习与工作中的学习结合起来,学生将理论知识应用于与之相关的获取报酬的实际工作中,然后将工作中遇到的挑战和见识带回学校,促进学校的教和学。日本著名学者青木昌彦认为:“校企合作是通过分属不同领域的两个参与者——大学与产业的相互作用所产生的协同效应来提高大学与产业各自潜能的过程。”

校企合作的内涵可以概括为:是一种以培养学生的全面素质、综合能力和就业竞争力为重点,利用学校和企业两种不同的教育环境和教育资源,采取课堂教学与学生参加实际工作有机结合,来培养适合企业需要的应用型人才的教育模式。它的基本原则是学校和企业双向合作,双向参与,实施的途径和方法是工学结合、顶岗实习,要达到的目标是提高学生的全面素质,适应市场经济发展对人才的需要。

6.1.2 当前高职教育校企合作的主要问题

6.1.2.1 校企文化差异大

校企合作文化差异性巨大,企业制度和学校制度之间冲突明显,难以形成一个与实际需求相适应的整体指导方案,导致企业和学校的种种要素难以形成有机的结合,这对于整合企业资源和校园资源是非常不利的。具体到合作办学过程中,高职院校意识到了实践环节联合培养的重要性,但在实际操作中,把建立实践教学基地作为校企合作的全部内容,把校企合作作为解决学生实习的一个途径,却无法从真正意义上体现企业所提供实习机会的重要性。

6.1.2.2 校企合作目标偏

校企合作主要是通过培养学生的实践能力,提高学生的全面素质,以适应市场对人才素质的需要。目前,高职教育校企合作存在实践教学与现实脱节,忽视综合能力的培养的现象,使得学生不能处理实际工作,从而达不到与实际需求的“零对接”，忽视学生全面掌握专业所需的基本能力。

6.1.2.3 校企合作机制缺

目前，由于校企合作双方各自的管理体制、培养理念不同，学校的教育功能和企业的需求不能很好地结合，缺乏一个可持续发展的良性循环机制，使校企合作运行陷入困境，较难实现教育资源的优化组合。教师紧紧围绕教学大纲进行授课，不能到企业及时了解掌握最新技术及实践经验，提高课堂理论知识的实用性；企业仅限于实习基地的提供、员工的培训，不能根据人才需求参与专业设置、课程改革等。

6.1.2.4 企业合作积极性不够

高职教育的核心是培养适应生产、建设、管理、服务第一线所需要的技术、管理人才，这样就决定了高职教育办学过程必须依靠企业。但是，由于校企合作信息不对称，使企业在教学大纲制定、专业设置、课程改革和实训等环节参与深度不够，对符合自身需求的培养方式得不到满足，合作的内在动力不足，对全面进行校企合作缺乏积极性。

6.2 校企文化融合、共同发展，实现智慧合作

教育部副部长鲁昕在2011年度全国职业教育与成人教育工作视频会议上强调指出，我们要积极营造工学结合的实践教学环境，要做到“产业文化进教育、工业文化进校园、企业文化进课堂”。教育部部长袁贵仁曾从哲学高度指出，所谓教书育人、管理育人、服务育人、环境育人，说到底都是文化育人。

校企融合办学作为校企合作、工学结合的有效方式，是实现校企智慧合作的有效平台。校企融合办学，能突出以技术应用能力为主线，训练学生的职业能力，实训、实习以顶岗企业实境工程为主，学生在企业中进行实践，且接受企业文化，培养形成良好的专业技能、职业道德和职业精神。校企融合办学可以交融互动，但也存在差异和冲突。因此，校企融合办学

过程中既要加强衔接，又要有所隔离，融合有利的部分，隔离不利成分。

6.2.1 校企融合办学是实现校企智慧合作的有效路径

6.2.1.1 校企融合办学，创新工学结合的机制

工学结合、校企合作是现代高职教育的发展趋势。高职教育的内涵质量提高、竞争力增强离不开行业与企业。校企融合办学作为高职教育创新工学结合的重要举措，需要校企双方从不同的角度、层面践行高职教育方针，培养出适应企业需要、岗位需要的人才。校企融合办学，不仅是校企间知识技能的桥梁，更是校企间文化融合的桥梁。合作的关键不在于利益而在于文化，依托融合办学，创新“工学结合、校企合作”机制。

6.2.1.2 校企融合办学，创新高职教育服务行业企业模式

高职教育培养的是适应生产、建设、管理、服务第一线需要的高素质技能型专门人才，直接服务于行业和企业，促进区域经济社会的发展，这种定位就要求高职教育必须贴近社会、贴近企业。

校企融合办学，一方面可以学习借鉴优秀的企业文化；另一方面，由于不断融合，高职教育还会与行业企业产生更多的共同语言，有利于更加紧密的校企合作。因此，在校企融合办学实施过程中，要融入更多的职业道德、职业能力、职业理想、职业人文素质等元素，提高校企合作育人的质量，提升高职院校的核心竞争力，更好地实现高职教育满足社会经济发展和行业企业发展需要的目标。

6.2.1.3 校企融合办学，创新实现高职教育与就业市场的无缝对接

目前高职院校培养的人才，一方面不熟悉行业企业文化的氛围，知识和技能得不到充分发挥；另一方面，自主学习精神和自我完善的职业发展能力欠缺，不适应行业企业发展对其综合职业素养的要求。融合办学、共同培养正是基于彻底改变这种现状的考虑，把知识、技能与就业所需的“零距离”作为人才培养的目标，真正实现高职毕业生内有文化与外有就业所需的技能的“零距离”对接。

6.2.2 推动校企融合、实现智慧合作的关键环节

6.2.2.1 注重可融合性

校企融合办学不是简单要求学校去适应企业,亦不是用企业来代替学校。高职院校在校企融合办学理念指导下,发挥学校的主体作用,把企业有利于自身发展的积极因素主动纳入,凸显高职教育的高等性和职业性,培养学生的职业能力和职业素养。

6.2.2.2 摒弃“利”字当头

目前,校企合作更多是从学校的利益出发,将企业作为提升学校办学水平和效益的工具。而随着人力成本的连年升高,企业也出于自身私利,想从和学校的合作中招聘廉价劳动力。狭隘的校企合作观念给校企融合办学,实现智慧合作设置了障碍。

依托校企融合办学,真正实现智慧合作,学校需摒除企业为我所用的观念,根据企业实际需要,主动改变自身,实现以学校为中心向以企业为中心的转移;企业也必须转变观念,不要仅仅局限于招聘短期廉价劳动力,而是要立足长远,培养、招聘到专业技术扎实、忠诚度高、可持续发展能力强,并具有良好职业道德精神的员工。

6.2.2.3 突出学生为主体

校企融合办学,无论是学校还是企业,学生是核心、是主体。对企业而言,是培养、招聘到即插即用的专业人才;对学校而言,是培养出与满足企业岗位需求、能与就业市场无缝对接的人才,提高学生的竞争力和可持续发展能力。

6.2.2.4 促进学生职业化

校企融合办学,组织学生到企业进行工学交替、顶岗实习,培养学生专业化的工作知识、技能,专业化的工作方式、操守;吸纳企业中一些具有丰富实践经验的技术人员参与学校实训教学;邀请企业管理层来校对学生进行有关企业文化的教育,积极促进学生“职业化”。

6.2.2.5 尊重和鼓励企业教师

校企融合办学,需要学校专职教师、企业技术人员实现互动、融合。

企业技术人员作为指导教师不同于职业教师，他们带着特殊的企业文化背景，在价值观、精神风貌、道德标准等方面，带给学生截然不同的教学体验，能传授实用技术和示范精神。作为企业的一线技术人员，对企业特有文化氛围比较敏感，若不对他们的文化背景给予尊重和鼓励，让他们来适应校园文化氛围，甚至以职业教师尺度来衡量企业教师，是十分荒诞的。

6.2.3 推动校企融合办学、实现智慧合作的实施措施

推动校企文化的互动融合，并不是孤立存在的，而是蕴含在校企融合办学的各个环节之中。校企双方必须在合作办学理念、共同培养目标、共建课程体系、创新管理体系等各个环节进行深层次的智慧化合作。

6.2.3.1 校企共同提炼专业理念

高职院校的专业理念应该来自专业所指向的职业或职业岗位群的职业理念。因此，要吸纳职业理念中最优秀的核心内容，通过提炼、升华为本专业的理念。同时要及时整理、挖掘和提炼专业内部全体成员信奉并为之努力的价值理念及专业发展的思想观念，形成每个专业独特的专业理念。在专业教学过程中加强职业认知、职业情感、职业道德和职业规范的渗透。

6.2.3.2 校企共同制订培养方案

人才培养方案是高职院校教育教学战略的总体设计，关系到高职院校的教育思想、教育理念、教育方向、教学体系、教学方法及教学质量。人才培养方案的创新与突破，是高职院校教育特色的实现手段。传统的人才培养方案强调文化基础课、专业基础课和专业课之间的循序渐进和相互衔接，但是一定程度上限制了校企合作的实施，弱化了产学结合的效果，影响了校企合作教育和产学有机结合。

校企合作，共同制订人才培养方案是以就业为导向的高等职业教育的一种新的合作教育理论与实践体系，是一种学校课堂教育同企业实践有序交替、学用相长的合作行为，是促进校企文化融合发展的重要途径。

校企共同制订人才培养目标及培养方案，尤其是对专业能力支撑课程、专业能力核心课程及实践课程的教学，积极协商企业参与教学方案全

过程制订，增强教学的针对性，提高教学质量，实现理论与实践教学的互促互进。

6.2.3.3 校企共同开发学习课程

校企共同开发课程，在理念上打破以知识传授为主要特征的传统学科课程模式，转变为以工作任务为中心组织课程内容。课程内容突出对学生职业能力的训练，让学生在完成具体项目过程中构建相关理论知识，发展职业能力。理论知识的选取围绕工作任务的完成需要，同时充分考虑高职教育对理论知识学习的需要，并融合相关职业资格证书对知识、技能和态度的要求。

6.2.3.4 校企合作共建训练基地

校企融合共建训练基地，将实践训练的活动场所由校内向企业、社会转移，具有事半功倍的效果。因为，校内开展实践训练活动，即使是全真模拟，也缺少企业氛围，纸上谈兵；而如果把活动的场所放在企业、社会，则锻炼价值较高。

6.3 融合办学，智慧合作的实践——以“江南监理班”为例

校企合作办学是促进高职教育创新发展的必由之路，定向培养人才是促进企业持续发展的不竭动力，不断深化各类合作办学模式，促使学院与企业真正实现互惠共赢。

6.3.1 校企合作智慧办学的实践

6.3.1.1 校企合作共创特色的人才培养模式

经过多年的实践研究，浙江建设职业技术学院形成了独具特色的高职教育“411”人才培养模式。所谓“411”人才培养模式，是以培养高质量建设类高等技术应用型人才为目的，以职业能力为支撑，以实际工程项目为载体，以仿真模拟和工程实践为手段，以实现就业即顶岗为目标的人才

培养模式。其基本框架如图 6-1 所示。

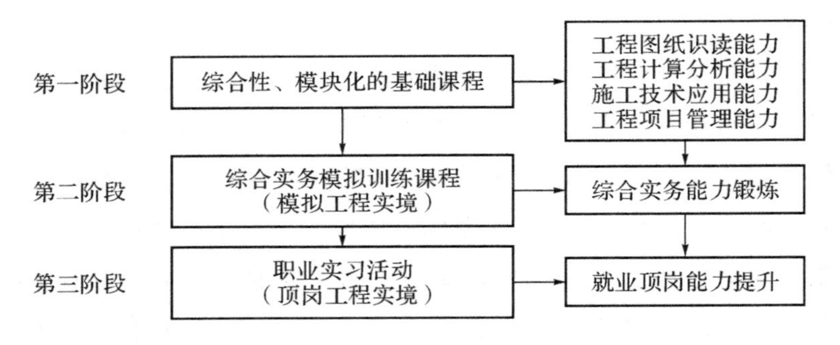

图 6-1 “411”人才培养模式框架示意

“411”人才培养模式通过第一阶段的学习，使学生具备工程图识图、工程计算分析、施工技术应用和工程项目管理四方面的专项能力；通过第二阶段在校内实施以真实的工程项目为载体的模拟仿真综合训练，使学生具备综合实务能力；通过第三阶段在企业真实情境中进行实习，使学生具备就业顶岗能力。

为创新发展“411”人才培养模式，积极适应工程监理行业发展的需要，通过创新管理、合作教育，为企业培养出动手能力强、创新能力好、就业竞争力强的工程监理专业技术人才，学院与江南监理公司展开合作办学。并积极探索、大胆创新，深化改变“411”人才培养模式第二阶段“综合实务模拟训练课程”的培养模式，变“校内模拟工程实境”为“校外顶岗实境工程”、变“学校单独培养”为“校企联合培养”，实现“411”人才培养模式第二阶段的新突破。具体如图 6-2 所示。

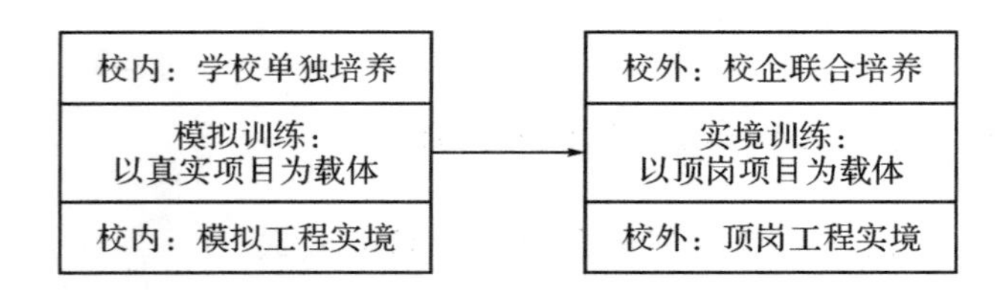

图 6-2 “411”人才模式第二阶段培养模式深化示意

6.3.1.2 校企合作共同服务学生“主体”

校企合作，联合创建“订单班”，对企业而言，是培养、招聘到即插即用的高素质、高技能人才；对学校而言，是培养出与满足企业岗位需求、能与就业市场无缝对接的人才，提高学生的竞争力和可持续发展能力。虽然学校和企业的角度不同，但培养学生核心竞争力的目标是一致的。因此，校企双方均应将学生作为联合培养的核心和主体。

在校企联合办班过程中，无论是学生的选取，还是顶岗实境岗位的安排，均充分尊重学生的意愿，突出学生的主体地位。因为，只有坚持以学生为中心，以学生为本，才能实现学校和企业人才培养目标的融合和共赢。具体如图 6-3 所示。

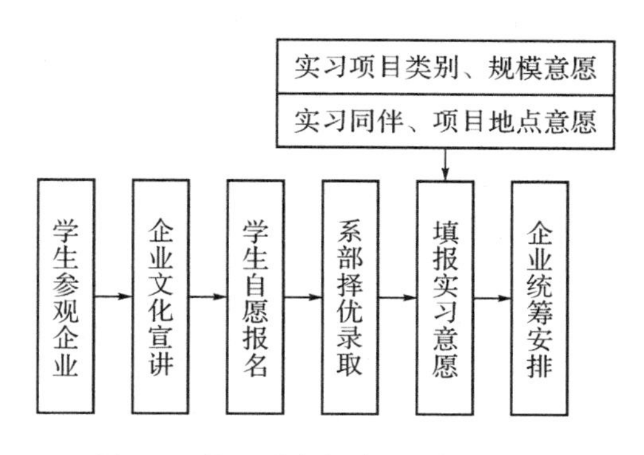

图 6-3　校企联合创建“订单班”示意

6.3.1.3　校企合作共建教学管理机构和制度

实施校企融合办学需要将两者在体制机制上有机结合在一起，调整管理理念，创新管理模式，建立“你中有我，我中有你”的管理机构，制定完整严密的规章制度，形成校企人才共育、过程共管、成果共享、责任共担的合作办学体制机制。

我们在“订单班”联合培养过程中，校企双方共同成立了联合培养教学领导小组，负责联合培养阶段教学环节的组织、协调、指导、检查和管理工作，制定了“订单班”教学管理制度，保障了校企联合培养的质量。具体如图 6-4 所示。

6.3.1.4　校企合作共同开发课程

校企共同开发课程，在理念上打破以知识传授为主要特征的传统学科课程模式，转变为以工作任务为中心组织课程内容，让学生在完成具体

“订单班”管理机构及制度
- “校企联合”培养教学领导小组
- “校企联合”培养教学管理制度

图 6-4 校企共建“联合培养”管理机构及制度

项目的过程中来构建相关理论知识，发展职业能力。课程内容突出对学生职业能力的训练，理论知识围绕工作任务的完成来进行，同时充分考虑高等职业教育对理论知识学习的需要，并融合相关职业资格证书对知识、技能和态度的要求。每个项目的学习以典型产品为载体设计的活动来进行，以工作任务为中心整合理论与实践，实现理论与实践的一体化。教学效果评价坚持“学校与企业共评、过程与结果并重”的原则，重点评价学生的职业能力。具体如表 6-1 和图 6-5 所示。

表 6-1 “江南订单班”教学制度及课程开发一览

序号	名　称	备　注
1	“江南监理订单班”施工图识读实务模拟训练	校企共同开发
2	“江南监理订单班”工程监理实务模拟训练	校企共同开发
3	“江南监理订单班”工程监理资料实务模拟训练	校企共同开发

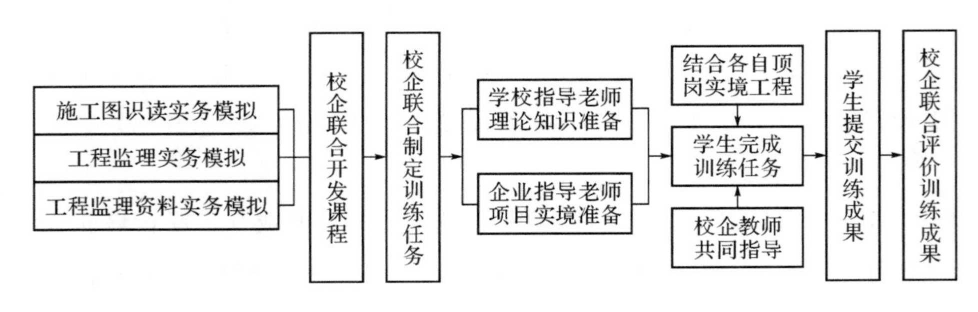

图 6-5 校企联合开发课程及教学组织示意

6.3.1.5 校企合作共建实训基地

实践性教学环节对高职学生实践水平、动手能力的培养至关重要。实训基地是高职院校对学生实施职业技能训练和职业素质培养的必备条件，也是高等职业教育办出特色、实现人才培养目标的基础性建设。作为学生与就业岗位“零距离”接触的窗口，实训基地建设和营造浓厚的校企文化氛围对提高学生综合职业素质和社会适应能力具有重要的意义。

校企创建“订单班”，合作共建实训基地，既是技能训练场所，更是校企文化融合的重要平台。实训基地建设要充分考虑校企共融的情境文化，实现学生知识、技能和素质的同步提高。从形式上讲，实训内容应依托企业共同设计实训项目，实训形式由校园向企业转移，因为校内训练实践活动，即使全真模拟，也缺少企业氛围，若放在企业，事半功倍。从内涵建设上讲，实训基地建设要实现教学环境的职业化情境、实训内容的教学化情境、教学实施的职业化情境。具体如图 6-6 所示。

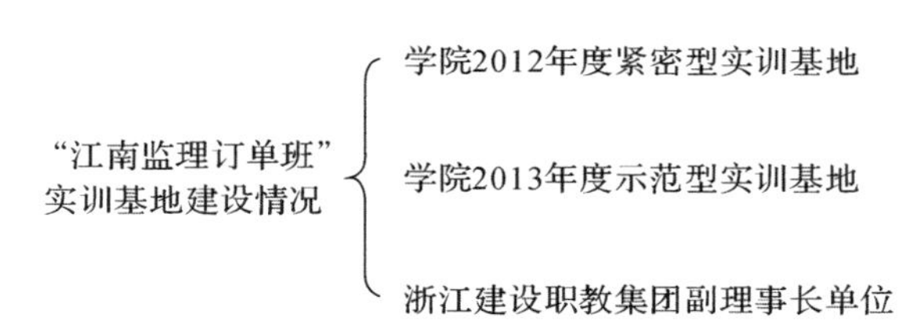

图 6-6　校企共建实训基地成果示意

6.3.1.6　校企合作共建师资队伍

对学院专职教师而言，培养的重点是提高其职业素质。积极安排学院专职教师到合作企业进行生产实践锻炼，使学校教师与企业实现零距离对接；在学校是老师，在企业是员工。对企业指导教师而言，关键在于准确定位其作用，希望其能向“订单班”学生传授纸面上学不到的实用技术和在企业一线摸爬滚打的示范精神。企业技术人员作为“订单班”学生的指导教师不同于专业教师，他们带着特殊的企业文化背景，在价值观、精神风貌、道德标准等方面，带给学生截然不同的教学体验。

6.3.2　校企融合、智慧办学实施效果跟踪调研

6.3.2.1　学生调研

(1)调研样本

本次调研样本从校企融合办学的“订单班”中选取 71 位同学，其中男

生 55 位，均顶岗监理员；女生 16 位，均顶岗资料员。

（2）调研问卷（见表 6-2）

表 6-2　订单班学生调研问卷设计

序号	调研问题	备注
1	目前工作岗位是否与你的职业期待吻合？	
2	你认为合作办学企业的管理情况如何？	
3	合作办学企业是否派专人担任你的实习指导师傅？	
4	你认为合作办学企业的待遇如何？	
5	你认为校企合作办学是否有必要？	
6	你对本专业的就业前景是否乐观？	
7	你在学校所学的专业知识和技能是否能满足工作需求？	
8	你认为在工作中最重要的三项基本工作能力是什么？	
9	你认为本系的专业和课程设置是否合理？	

（3）调研结果及分析

如图 6-7(a)所示，11.3%的同学认为其岗位非常吻合他们的预期，有 62.0%的同学选择的是“基本吻合”，有 23.9%的同学选择“较少吻合”，而只有极少部分同学对其实习岗位感到不满意，占 2.8%。因此，大多数学生的择业观和就业规划比较明确，心态比较稳定。相比女生，男生自我调节能力较强，对工作岗位与职业期待符合度高于女生，如图 6-7(b)所示。

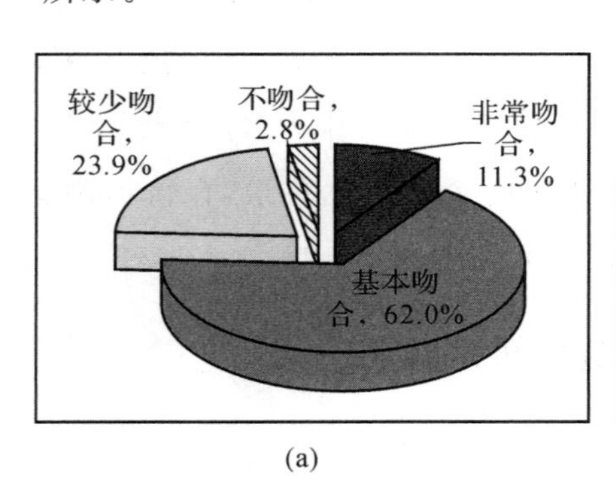

(a)

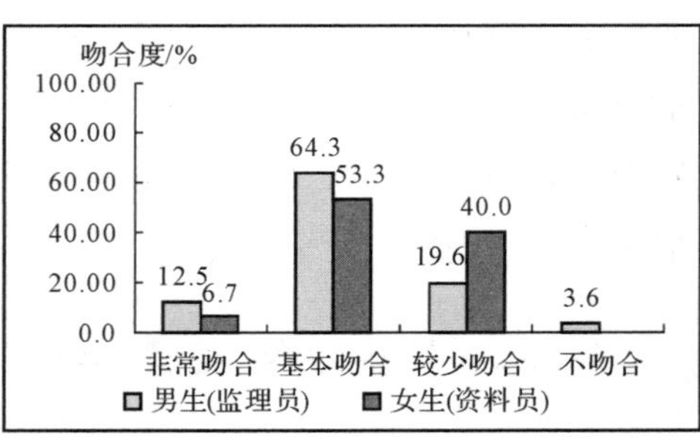

(b)

图 6-7　目前工作岗位是否与你的职业期待相吻合？

如图 6-8(a)所示，对于“合作办学企业的管理情况”这一问题，有59.2%的同学认为一般，35.2%的同学认为很好，而少数同学对其管理抱以不满意的态度。经过校企联合培养，从事监理员的男生和从事资料员的女生对合作办学企业印象接近，满意度基本处于中上水平，表明同学们对他们将来要进入的单位是认可的，如图 6-8(b)所示。

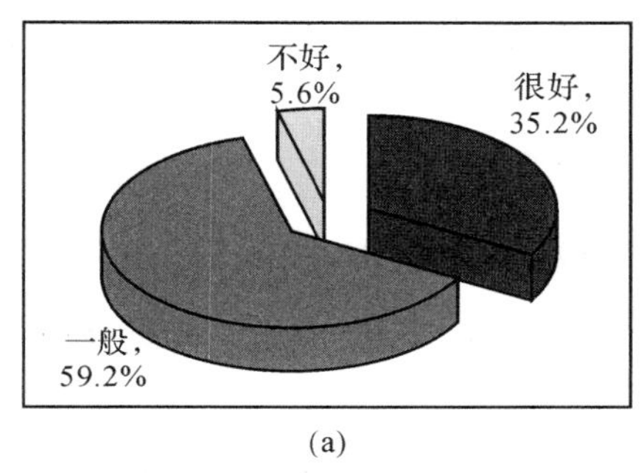

(a)

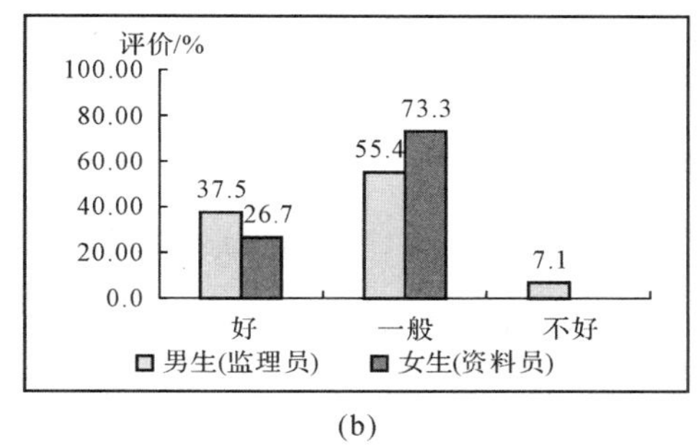

(b)

图 6-8　你认为合作办学企业管理情况如何？

如图 6-9(a)所示，78.9%的同学反映合作办学企业有派专人作为他们的实习指导师傅，然而还有 21.1%的同学没有能够得到专人指导。

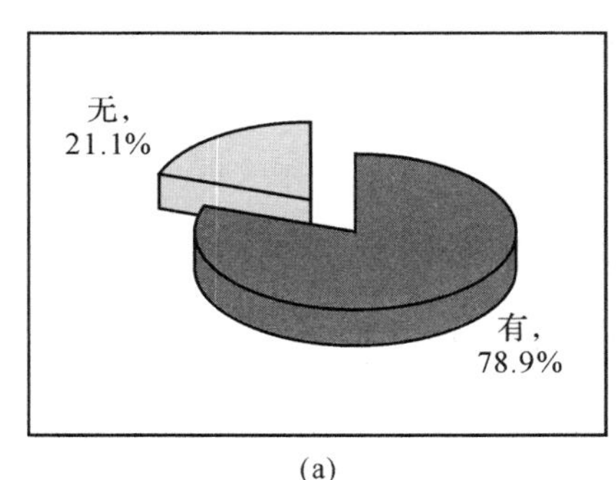

(a)

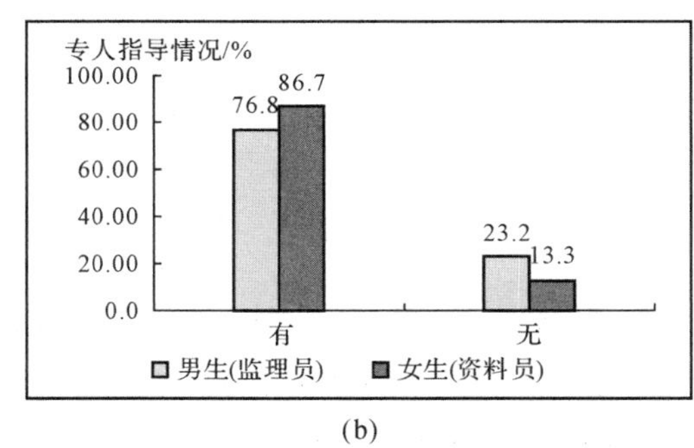

(b)

图 6-9　合作办学企业是否派专人担任你的实习指导师傅？

如图 6-10(a)所示，对于“合作办学企业的待遇”这一与学生切身利益相关的问题上，15.5%的同学感到满意，大多数同学(73.2%)感觉处于一般水平，11.3%的同学对其实习待遇不满意。

如图 6-11(a)所示，对于“校企合作办学是否有必要”这一问题，有69%的同学认为是有必要开设的，但是仍然有 31%的同学认为没有必

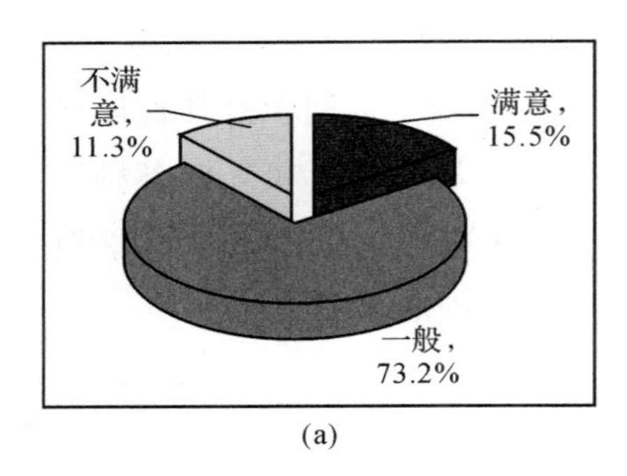

(a)

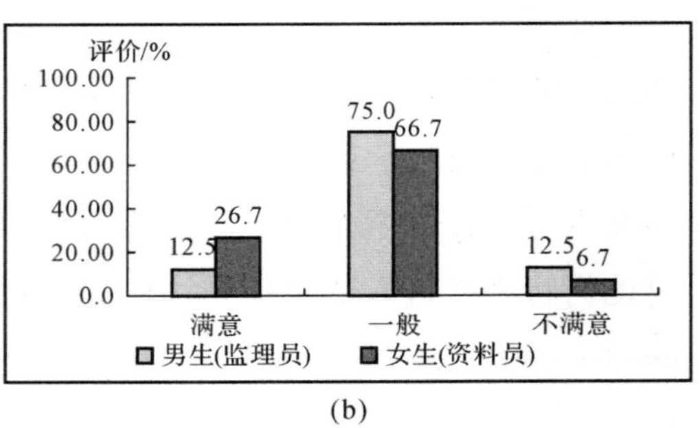

(b)

图 6-10　你认为合作办学企业的待遇如何？

要。相较于女生，男生的认可度较高，但相差不大，如图 6-11(b)所示。因此，校企融合办学还应该加强建设，从而能够提高学生的学习兴趣，提高学生的综合素质。

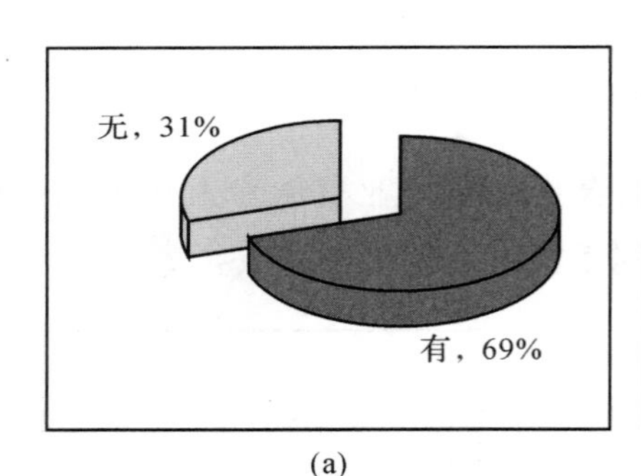

(a)

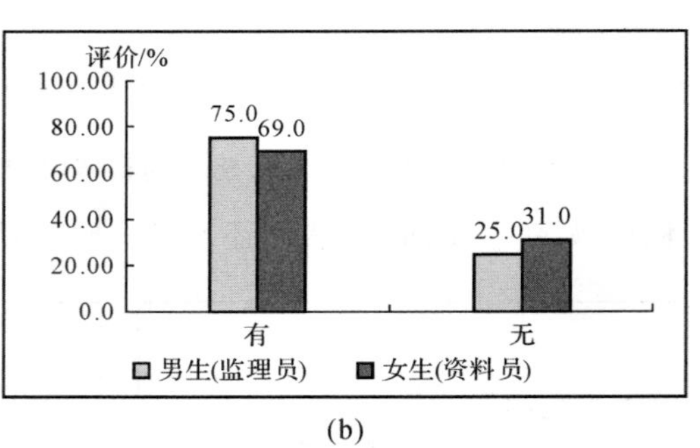

(b)

图 6-11　你认为校企合作办学是否有必要？

如图 6-12(a)所示，对于“对本专业的就业前景是否乐观”这一问题，有 74.6%的男生持乐观态度，剩下的同学普遍认为低水平的实习工资极大程度地影响了他们对就业前景的信心。同时，女生对专业前景的信心略高于男生，可能由于女生对实习工资的满意度稍高于男生，如图 6-12(b)所示。

如图 6-13(a)所示，在“专业知识和技能是否能满足工作需求”这一问题上，69%的同学认为在校所学知识和技能完全能够或者基本能够应付工作需要。但是仍然有同学感到知识不够用，占 31%。这可能与同学自身的学习努力程度有关，校企双方应对这部分同学给予较多关注。同时，

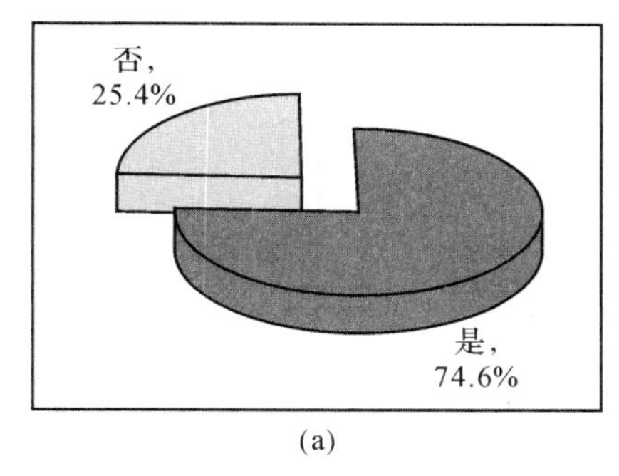

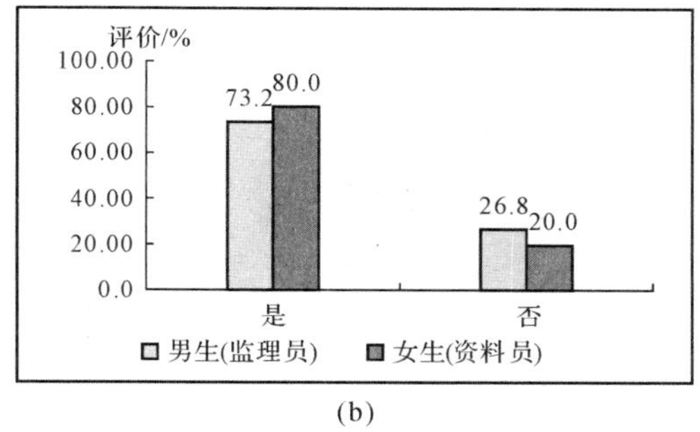

(a) (b)

图 6-12 你对本专业就业前景是否乐观?

认为“不能够”的女生比例高于男生，如图 6-13(b)所示。女同学主要从事资料员岗位的工作，因此，校企合作办学应针对资料员的这块专业知识加强学科建设。

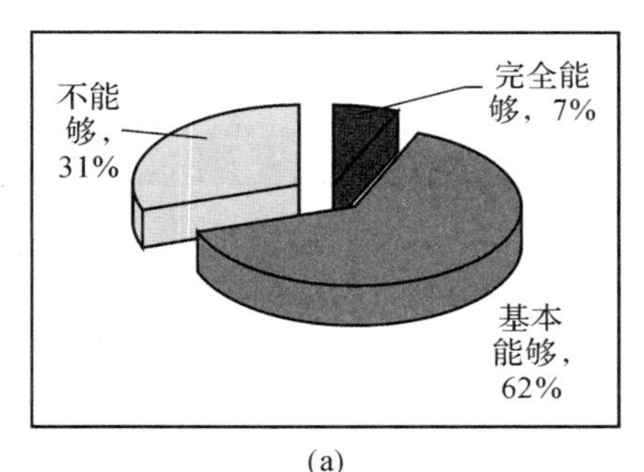

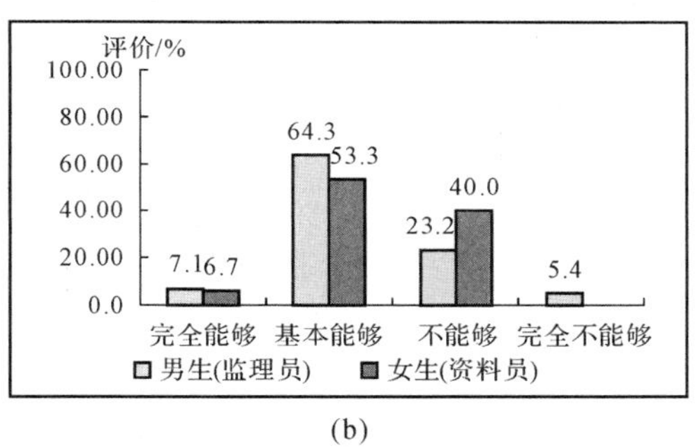

(a) (b)

图 6-13 你在学校所学的专业知识和技能是否能满足工作需求?

如图 6-14(a)所示，对于“本系的专业和课程设置是否合理”这一问题，97.1%的同学认为是处于基本合理水平之上。男生和女生绝大多数认为在基本合理水平之上。表明通过实习，专业所设置的课程内容能够得到实际应用，能得到同学的广泛认可，如图 6-14(b)所示。

如图 6-15(a)所示，对于“工作中最重要的三项基本工作能力”的调查中，绝大多数同学认为沟通能力、疑难排解、积极学习对他们的工作最有帮助。疑难排解是建立在扎实的基础知识之上的，学习和沟通能力更是要在日常的学习生活中养成，因此，对这三块素质能力的培养，学校应给予重视。对于监理岗位，疑难排解被认为是第三项重要能力，而对于资料

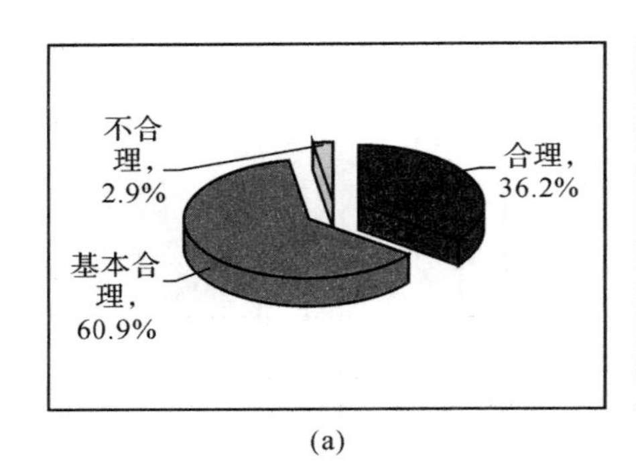

(a)

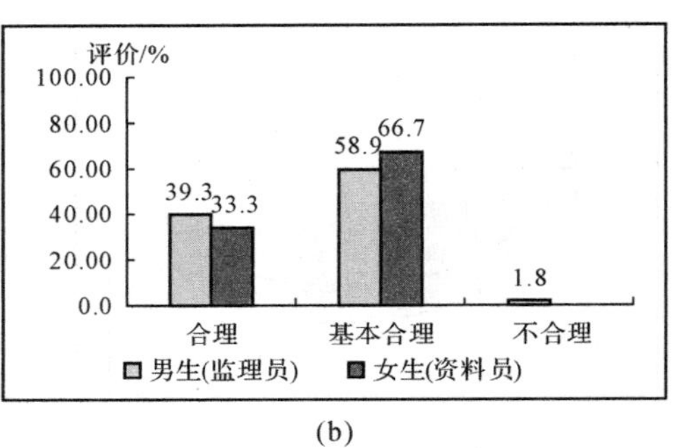

(b)

图 6-14　你认为本系的专业和课程设置是否合理?

员岗位,总结归纳能力被视为较重要的第三项能力,从中反映出监理员和资料员工作性质的差别,如图 6-15(b)所示。

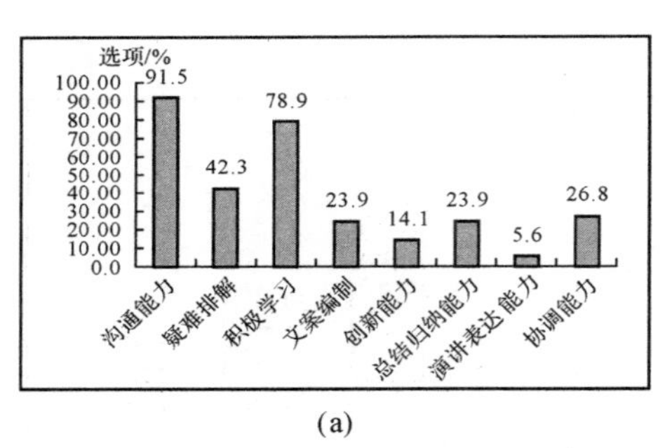

(a)

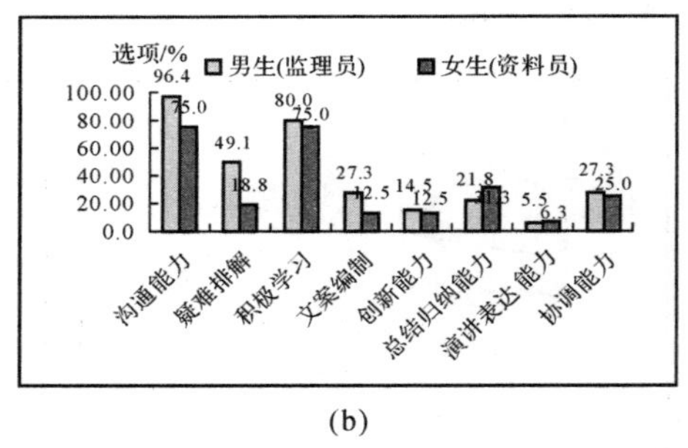

(b)

图 6-15　你认为工作中最重要的三项基本工作能力

6.3.2.2　校企融合办学企业调研

(1)调研企业样本选取

选取校企合作办学的浙江江南工程管理股份有限公司、浙江明康工程咨询有限公司、浙江天成项目管理有限公司等企业进行调研,一方面,合作办学的监理企业无论规模、业绩、技术等方面均具有行业代表性;另一方面,合作办学企业对浙江建设职业技术学院监理专业的课程设置、培养方案、学生素质均有比较深入的了解。

(2)访谈主题设计(见表 6-3)

表 6-3　企业访谈问题设计

序号	调研问题	备注
1	合作办学企业对学生的知识、技能、素养有哪些要求?	
2	合作办学企业对学校的教学、管理、配合有哪些要求?	
3	校企融合、合作办学需要深化的措施有哪些?	
4	校企合作办学过程中,有没有值得推广的经验?	

(3)调研结果及分析

①校企融合办学的评价

通过合作办学、联合培养,合作办学企业认为浙江建设职业技术学院监理专业联合培养学生,在综合素质方面,学生能独立顶岗较简单岗位如桩基施工监理,但精装修监理、安全监理等较复杂的岗位尚不能满足,且自主发现问题的能力缺乏。在专业技能方面,识图、测量知识一知半解,且仪器操作生疏;能按企业指导教师安排去做,但不知其原理。

②校企融合办学的拓展要求

目前,校企合作办学主要集中在土建监理方面,这是市场需求主体,但实际工作中岗位需求又是多方面的。能否满足岗位需求,一方面与学生的知识广度、深度相关;另一方面,还与学生自主学习、继续学习的能力相关。因此,在合作办学过程中需要增加市政、园林等相关课程,并且让学生获得两个或两个以上专业监理员岗位证书。

目前,学校培养的定位主要局限在监理员的职业需求上,对学生的后续发展、职业长远规划的关注度远远不够。更谈不上能够在培养目标、课程设置等方面着眼于学生后续发展、长远规划的培养和引导上。因此,建议学校对学生的培养目标定位进行调整,培养的学生着眼于毕业成为优秀监理员、将来均成为省监理工程师、部分成为国家注册监理工程师;引导学生积极进行学历提升,为学生后续岗位资格的晋级、专业职称的晋级提供基础条件。

7 智慧·创新·服务，打造高职“智慧监理之窗”

7.1 “智慧监理之窗”总体目标

围绕“宜教、宜学、宜训、宜业”的目标，充分利用物联网、互联网等新一代技术，以促进“技术＋业务”的深度融合为基本路径，打造高职工程监理专业的智慧教学平台、智慧学习平台、智慧训练平台、智慧校企合作平台，最终开创高职工程监理专业全面感知、融合创新、深度应用的新局面，为高职教育的创新驱动发展探索新路径。

7.2 “智慧监理之窗”的建设任务

7.2.1 公共数据平台

在目前浙江建设职业技术学院网络基础设施完备的较好条件下，避免仅仅增加几台服务器的建设思路，致力于打造工程监理专业的“微信息中心”建设，并进一步向建筑工程系其他相关专业拓展应用，形成更加适合专业建设、专业分析、专业发展的数据平台和信息中心。

这里建设的关键问题是,如何与学校公共数据平台对接。主要有两方面:一是工程监理专业“微信息中心”的建设,是对学院公共数据平台的延伸利用和充分挖掘;二是工程监理专业“微信息中心”的建设,是对学院公共数据平台的有益补充,补充更加适合于工程监理专业或专业群的相关数据支撑。

这里还有另外一个问题,是积极推动“无线校园”建设,这对学院的智慧化建设和提升,显得较为重要。

7.2.2 智慧教学平台

高职院校经过近十年的快速发展,“量”的扩张比较明显,“质”的提升亟待解决。显而易见,制约“质”提升的关键因素是师资,如何提高师资水平,各高职院校也做了很多工作,但是“十年树木、百年树人”,师资水平的提高不是一朝一夕能实现的。那么,在现实制约的条件下如何突破瓶颈呢?大多数高职院校采取了企业兼职教师的办法,效果如何呢,不言而喻,难以管理,始终是两张皮。

有鉴于此,借助物联网、互联网等先进技术打造智慧教学平台。这里主要聚焦于“两手抓”:一手抓专职教师。从教学的标准化入手,从“治标”撬动杠杆,实现“治本”,利用智慧化的教学平台,实现高职教学工作的标准化建设,提高高职教学的最低水平,迫使专职教师进步提升,进一步实现高职教学水平的整体提升。另外一手抓兼职教师。确切地说是服务,借助物联网、互联网技术打造智慧化的教学平台,使兼职教师为学生提供指导,传授更方便、更快捷、更以人为本,这样能解决目前兼职教师与学校“两张皮”的问题。

7.2.3 合作学习平台

随着教改的不断深入,国外一些先进的教学理念日渐为我们所认同,传统的课堂传授制在高职“教”与“学”中的弊病或者不适合逐渐被大家所认同,一些有识之士也想做出改变,做出尝试,分组学习、合作学习等学习方式慢慢开展。但是,随着分组学习、合作学习在传统教室中的不断尝试,新的困惑也不断产生,好像并没有产生预期效果。

因此,随着互联网、物联网等技术支撑条件的成熟,吸收QQ、微信等创新手段,打造合作学习的平台,真正实现学生合作学习、分组学习、智慧学习的方式。

7.2.4 智慧训练平台

"训"一直是制约高职的核心问题。高职的人才培养定位主要是应用型的高技术人才,这也是区别于本科教学的关键,甚至说是高职教育立足的灵魂所在。但是,反观近年来的高职教育在实训方面做出的改变,较难呈现特色。尤其是对建设类高职院校而言,由于工地的特殊性,一方面,很难实现"学做合一";另一方面,也很难突破"教—学—训"难融合的局面。

借助互联网、物联网技术打造智慧训练的平台,一方面突破学院围墙的制约,将校外有利于实践训练的内容引入进来,打造更加开放的课堂;另一方面,提升目前学院传统的实训项目,真正实现"学做合一"。

7.2.5 校企合作平台

关于校企合作的现状、原因,前述章节已做过详细论述,归根结底一点,是我们不能真正满足企业的需求,或者不能将企业的需求与学校的需求进行有机统一。

我们借助物联网、互联网等技术致力于打造校企合作的平台,改变思路,从企业的根本需求出发,而不是从浙江建设职业技术学院的需求出发。不可否认,学院的需求明显滞后或者落后于企业的需求,换言之,先进文化的代表者肯定不在我们高职学院一方了,我们要承认这一点,只有承认才能有更好的改变。如何从企业的根本需求出发?需要从企业质量管控的平台建设入手,帮助企业实现远程质量管控,同时我们共享企业的相关数据,支撑教、学、训。

7.3 “智慧监理之窗”的建设成效

7.3.1 全面感知

依托物联网、互联网系统，对学生、教师及教室、实训室，以及实训项目等对象建立感知，并汇集信息，实现围绕“教、学、训”一体的物联感知和应用服务。

7.3.2 融合创新

将学院传统的教学资源、实训资源与物联网、互联网等系统进行深度融合，优化资源配置，整合异构系统，真正实现新技术服务于“教、学、训”，实现传统“教、学、训”资源的全面整合和高效利用，为高职教育创新寻找新路径，焕发高职教育的生机。

7.3.3 深度应用

通过工程监理专业的“微信息中心”平台建设，充分挖掘学院公共数据平台的数据资源，并延伸应用，同时建立更适合工程监理专业的数据中心，并进行分析应用，使对专业建设的指导更加具有针对性。

7.3.4 打响品牌

打响“品牌”很关键，竖起一面旗帜，为智慧化创建的可持续发展提供不竭动力。那么如何竖好这面旗帜呢？要“宜高不宜低，宜早不宜迟，宜特不宜多”。所谓“高”，就是顶层设计要“高”；“早”，就是要及早抓住高职教育创新驱动发展的新方向；“特”，就是创建要有特色，而不是一哄而上。这样才能喝好“头口水”，赢得“好先机”。

参考文献

[1]吴红华，林宣龙. 让课堂成为孕育智慧的沃土——“课堂教学智慧化”研究纪实. 江苏教育研究，2010(18).

[2]靖国平. 论教育的知识性格和智慧性格. 教育理论与实践，2003(19).

[3]谷传华. 智慧的外显理论和内隐理论. 山东师范大学学报(人文社会科学版)，2014(1).

[4]张利. 知识类型、智慧追求与高校培养目标的反思和重构. 云南大学硕士学位论文，2012.

[5]徐倩. 培养智慧：杜威课程理论及其当代价值. 苏州大学硕士学位论文，2011.

[6]肖绍聪. 大学的哲学性格与哲学自觉. 湖南师范大学博士学位论文，2010.

[7]陈飞虎. 大学教育智慧. 湖南师范大学硕士学位论文，2011.

[8]董世建. 论当代教育的启迪智慧趋向. 河海大学硕士学位论文，2005.

[9]张槿. 信息技术环境下教师教学智慧及其生成研究. 西北师范大学硕士学位论文，2012.

[10]陈鹏. 20 世纪以来中国职业教育哲学研究综述. 中国职业技术教育，2011(3).

[11]钱志新.智慧化是信息化发展的最新阶段.新华日报,2013-02-05(B07).
[12]郭俊朝,陈晗.高职人才培养目标的演进与重构.晋城职业技术学院学报,2013(6).
[13]刘林.基于“卓越工程师”计划的建设工程监理专业课程体系与教学内容改革.吉林省教育学院学报,2011(4).
[14]卜伟斐.论基于工学结合的工程监理专业课程体系的构建.职业时空,2012(12).
[15]闵建杰.对高职教学论改革的哲学思考.孝感职业技术学院学报,2003(1).
[16]保吉春.高职教育教学模式的新思考.高等职业教育——天津职业大学学报,2013(3).
[17]杨俊亮.关于高职教学规律体系的探索.辽宁高职学报,2001(5).
[18]杨翠蓉.美国新教师培养中的认知师徒制.教育评论,2009(2).
[19]吴雪云,程黎辉.情境认知理论及其对外语教学的启示.江苏科技大学学报(社会科学版),2007(3).
[20]侯小波.试论建构主义学习理论在高中英语阅读教学中的应用研究.华中师范大学硕士学位论文,2005.
[21]龙伟.以就业为导向的高职教学特点研究.湖南科技学院学报,2007(6).
[22]张娟.中医“认知师徒制”教学模式对学生元认知的影响.华东师范大学硕士学位论文,2010.
[23]胡谊,吴庆麟.专家型学习的特征及其培养.北京师范大学学报(社会科学版),2004(5).
[24]钱建平.高等职业教育学生的学习特点.黑龙江高教研究,2000(4).
[25]马丹.高职学生学习动机激发和培养研究.湖北工业大学硕士学位论文,2012.
[26]储争流.高职院校学生学习特点及教育对策探讨.湖南科技学院学报,2010(1).
[27]张昱.浅议高职院校学生学习特点与学习能力.武汉船舶职业技术学

院学报,2013(4).
[28]石定乐,蔡蔚.情绪唤醒策略在高职教学中的运用.武汉船舶职业技术学院学报,2010(6).
[29]李菁华,杨民."以问题探究为中心的汇报交流教学"的选择与实施.中国职业技术教育,2006(9).
[30]程贵兰等.高职学生合作式学习的实践与探讨.辽宁农业职业技术学院学报,2010(9).
[31]杨爽.高职学生合作学习问题的探究.天津大学硕士学位论文,2008.
[32]赵娜.高职学生英语课堂合作学习调查研究.吉林省教育学院学报,2013(9).
[33]张矛.高职学生自主性学习与合作式学习初探.武汉交通职业学院学报,2004(3).
[34]王庆文.基于校企合作的高职学生学习特点分析与策略选择.三门峡职业技术学院学报,2012(4).
[35]吴继红."从做中学"对高职生职业能力培养的启示.职教论坛,2010(8).
[36]杨丽."岗位导向,学做合"——教学模式在高职高专院校新闻专业的应用.鸡西大学学报,2009(8).
[37]薛元昕,高蕾.高职课程改革中"做中学"理念的实践探索,淮海工学院学报(人文社会科学版),2012(4).
[38]丁金昌.高职院校基于"做中学"的教学模式改革与创新.中国高教研究,2014(1).
[39]李建春.构建"做中学、做中教"高职教育教学模式的思考.广西职业技术学院学报,2012(1).
[40]黄荣春.高等职业教育实训基地建设研究.福建师范大学硕士学位论文,2007.
[41]陈益武.高职教育校内实训基地建设的思考.高等建筑教育,2008(5).
[42]林凌斌.以"校企文化互动"提高高职学生培养质量.华东师范大学硕士学位论文,2007.
[43]刘诣.高职教学的实训教学模式探究.天津大学硕士学位论文,2009.

[44]宋晓辉.基于行动导向的高职实训课教学设计研究.河北师范大学硕士学位论文,2011.

[45]赵军.我国高职实训教学设计研究——基于体验学习理论视角.华东师范大学硕士学位论文,2010.

[46]周晓龙,沈先荣.校企合作下高职土建专业实训基地建设与运行探讨.高等建筑教育,2011(6).

[47]何学坤,刘淑芬.突出高职教育实训教学的思考与建议.天津职业院校联合学报,2006(5).

[48]阙红艳等.高职校企合作办学模式现状分析与对策.新余高专学报,2010(3).

[49]邓志新.高职校企合作模式的国际比较.深圳信息职业技术学院学报,2011(4).

[50]李海燕.高职院校校企合作职业教育办学模式的研究.山东师范大学硕士学位论文,2008.

[51]白东海.关于高职校企合作现状及其有效模式的构建.职教论坛,2012(32).

[52]张熠婷.我国高职校企合作制度改革的路径依赖及方式选择.上海师范大学硕士学位论文,2012.

索 引